Boolesche Funktionen und Postsche Klassen

S. W. Jablonski · G. P. Gawrilow · W. B. Kudrjawzew

Boolesche Funktionen und Postsche Klassen

In deutscher Sprache herausgeben von
Prof. Dr. Helmut Thiele und Dr. Rolf Lindner

Mit 19 Abbildungen und 23 Tabellen

AKADEMIE-VERLAG · BERLIN 1970

С. В. Яблонский, Г. П. Гаврилов, В. Б. Кудрявцев
Функции алгебры логики и классы поста

Erschienen im Verlag Nauka, Moskau

Deutsche Übersetzung: Dr. Rolf Lindner, Jena

Erschienen im Akademie-Verlag GmbH, 108 Berlin, Leipziger Straße 3—4

Lizenznummer: 202 · 100/538/69
Gesamtherstellung: VEB Druckerei „Thomas Müntzer", 582 Bad Langensalza
Bestellnummer: 5721 · ES 19 B 1
9,80

Inhaltsverzeichnis

Zweiter Teil

Einleitung

Im Jahre 1921 kam der bekannte amerikanische Mathematiker E. L. POST zu bedeutenden Erkenntnissen bei der Untersuchung BOOLEscher Funktionen. Erst zwanzig Jahres später — im Jahre 1941 — erschien die Monographie „Two-valued iterative systems“[1]), in der POST seine Resultate zusammenfassend darstellte. Zu den Hauptergebnissen dieser Untersuchungen zählt die Konstruktion aller abgeschlossenen Mengen BOOLEscher Funktionen. Darüber hinaus bewirkten diese Betrachtungen jedoch, daß auch der Erforschung von Vollständigkeitsproblemen in beliebigen Algebren mehr Bedeutung beigemessen wurde. Hierzu gehört z. B. die Frage, in welchen Fällen abgeschlossene Mengen aus gewissen ihrer Teilmengen erzeugbar sind. Für abgeschlossene Mengen BOOLEscher Funktionen zeigt es sich, daß derartige Mengen stets aus endlichen Teilmengen erzeugt werden können. Diese Resultate gewinnen noch an Interesse, wenn man bedenkt, daß eine Reihe von Untersuchungen[2]) bekannt geworden sind, die einige bemerkenswerte Unterschiede zwischen Algebren zweiwertiger und n-wertiger BOOLEscher Funktionen erkennen lassen.

Will man Vollständigkeitskriterien für abgeschlossene Mengen BOOLEscher Funktionen aufstellen, so muß man in erster Linie die Struktur aller abgeschlossenen Mengen BOOLEscher Funktionen — einschließlich der Menge aller BOOLEschen Funktionen selbst — eingehend analysieren.

---

[1]) POST, E. L., Introduction to a general theory of elementary propositions. Amer. J. Math. **43** (1921); POST, E. L., Two-valued iterative systems, 1941.

[2]) SŁUPECKI, J., Kryterium petnosci wielowartosciowych systemow logiki zdan. Comptes rendus des seances de la Societé des Sciences et des Lettres de Varsovie, Cl. III 32 (1939); JABLONSKI, S. W., (Яблонский С. В., Функциональные построения в k-значной логике. Труды Матем. ин-та им. В. А. Стеклова, т. 51, Изд-во АН СССР, 1958) Funktionale Konstruktionen in der k-wertigen Logik. JANOW, JU. I., MUTSCHNIK, A. A., (Янов Ю. И., Мучник А. А., О существовании k-значных замкнутых классов, не инеющих конечного базиса. Доклады АН СССР **127**, № 1 (1959)) Über die Existenz k-wertiger abgeschlossener Mengen, die keine endliche Basis haben.

Der Wert derartiger Einsichten besteht einerseits in der direkten Anwendbarkeit in solchen entscheidenden Problemkreisen wie etwa dem der identischen Umformung von Relais-Kontakt-Schaltungen[1]), zum anderen wurde in der letzten Zeit deutlich, daß die POSTschen Resultate mit Erfolg bei der Synthese[2]) und bei Zuverlässigkeitsuntersuchungen[3]) von Relais-Kontakt-Schaltungen angewandt werden können.

Schon an diesen wenigen Beispielen erkennt man, daß die Ergebnisse der Untersuchungen von POST eine wesentliche Bereicherung der Theorie der BOOLEschen Funktionen und ihrer Anwendungen sind. Daher wird es für Logiker, Algebraiker und Kybernetiker gleichermaßen von Interesse sein, den Inhalt des vorliegenden Büchleins kennenzulernen.

Auf der Grundlage der Arbeit „Introduction to a general theory of elementary propositions" sind hier die POSTschen Resultate dargestellt und bewiesen, wobei es durch einige Abänderungen von Beweisen gelungen ist, erhebliche Vereinfachungen zu erzielen. So wird z. B. — im Unterschied zu POST — mit einer BOOLEschen Funktion f häufig zugleich die Klasse $\langle\langle f\rangle\rangle$ derjenigen BOOLEschen Funktionen betrachtet, die sich von f nur um gewisse fiktive Variablen unterscheiden. Auf diese Weise sind die Strukturen der abgeschlossenen Mengen von BOOLEschen Funktionen leichter zu überschauen als dies bei POST der Fall ist, wie

---

[1]) LYNDON, R. C., Identities in two-valued calculi. Trans. Amer. Math. Soc., **71**, No. 3 (1951). WISCHIN, W. W., (Вишин В. В., Тождественные преобразования в четырехзначной логике. Доклады АН СССР **150**, № 4 (1963)) Identische Umformungen in der vierwertigen Logik. MURSKI, W. L., (Мурский В. Л., Существование в трехзначной логике заннкнутого класса с конечным базисом, не имеющего конечной полной системы тождеств. Докл. АН СССР **163**, № 4 (1965)) Die Existenz einer abgeschlossenen Menge mit endlicher Basis in der dreiwertigen Logik, die kein endliches vollständiges System von Identitäten hat.

[2]) NETSCHIPORUK, E. I., (Нечипорук Э. И., О сложности схем в некоторых базисах, содержащих нетривиальные элементы с нулевыми весами. Сб. »Проблемы кибернетики«, № 8, Физматгиз, 1962) Über die Kompliziertheit von Schemata über gewissen Basen, die nichttriviale Elemente vom Gewicht Null enthalten.

[3]) MUTSCHNIK, A. A., GINDIKIN, S. G., (Мучник А. А., Гиндикин С. Г., О полноте систем ненадежных элементов, реализующих функции алгебры логики. Доклады АН СССР **144**, № 5 (1962)) Über die Vollständigkeit von Systemen unzuverlässiger Elemente, die BOOLEsche Funktionen realisieren. KIRIJENKO, G. I., (Кириенко Г. И., О синтезе самокорректирующихся схем из функциональных элементов. Сб. »Проблемы кибернетики«, № 12, Изд-во »Наука«, 1964) Die Synthese selbstkorrigierender Schemata aus funktionalen Elementen.

man etwa am Beispiel der trivial abgeschlossenen Mengen O_i^*, S_i^* und P_i^* erkennt. Die Bezeichnungen der abgeschlossenen Mengen wurden dagegen von POST übernommen.

Die vorliegende Monographie besteht aus zwei Teilen. In Kapitel I des ersten Teils werden die erforderlichen Grundbegriffe bereitgestellt sowie einige allgemeine Sätze bewiesen. Dieses Kapitel — wie auch Kapitel II — schließt unmittelbar an die Arbeit „Об алгоритмичезких трудностях синтеза минимальных контактных схем“ eines der Autoren an. In den Kapiteln II bis IV des ersten Teiles werden einige spezielle abgeschlossene Mengen eingehend untersucht; die Ergebnisse dieser Betrachtungen sind in einer großen Anzahl von Lemmata zusammengefaßt.

Der zweite Teil wendet sich den grundlegenden Beziehungen zwischen abgeschlossenen Mengen BOOLEscher Funktionen zu. Dazu werden in Kapitel I dieses Teiles gewisse abgeschlossene Mengen von BOOLEschen Funktionen konstruiert. Es wird gezeigt, daß es außer den so konstruierten keine weiteren abgeschlossenen Mengen BOOLEscher Funktionen gibt, daß jede derartige aus einer ihrer endlichen Teilmenge erzeugbar ist usw. Ausgehend von einzelnen Klassen abgeschlossener Mengen werden in Kapitel II die Beziehungen zwischen allen abgeschlossenen Mengen BOOLEscher Funktionen analysiert. Damit gelingt es, einige Sätze aus Kapitel I zu verschärfen sowie Vollständigkeitskriterien anzugeben.

Als Anhang sind dem Buche beigefügt eine ausführliche Tabelle der abgeschlossenen Mengen BOOLEscher Funktionen und ihrer Eigenschaften, die Darstellung des POSTschen Graphen aller abgeschlossenen Mengen (siehe Abbildung 19), ein Literaturverzeichnis sowie ein Namen- und Sachregister.

Erster Teil

Kapitel I

Grundbegriffe

§ 1. Definition der BOOLEschen Funktionen. Elementare BOOLEsche Funktionen

Es sei $E^2 =_{\mathrm{Df}} \{0, 1\}$. Wir nennen f^n genau dann eine *n-stellige* BOOLE*sche Funktion*, wenn f^n eine eindeutige Abbildung von $\underset{n}{\times} E^2$ in E^2 ist, d. h., wenn jedem n-Tupel von Nullen und Einsen genau ein Element aus E^2 zugeordnet wird[1]). Mit C_1 bezeichnen wir die Menge aller (endlichstelligen) BOOLEschen Funktionen[2]). Es ist offensichtlich, daß jede n-stellige BOOLEsche Funktion durch eine Tabelle der folgenden Form vollständig charakterisiert ist (s. Tabelle 1).

Tabelle 1

$x_1\ x_2 \ldots x_{n-1}\ x_n$	$f(x_1, x_2, \ldots, x_{n-1}, x_n)$
0 0...0 0	$f(0, 0, \ldots, 0, 0)$
0 0...0 1	$f(0, 0, \ldots, 0, 1)$
0 0...1 0	$f(0, 0, \ldots, 1, 0)$
0 0...1 1	$f(0, 0, \ldots, 1, 1)$
. ...	....
1 1...1 1	$f(1, 1, \ldots, 1, 1)$

Betrachtet man die n-Tupel $[0, \ldots, 0]$, $[0, \ldots, 0, 1], \ldots, [1, \ldots, 1]$ als Darstellung der natürlichen Zahlen $0, 1, 2, \ldots, 2^n - 1$ im dyadischen System, so erkennt man unschwer, daß die n-Tupel des Tabelleneinganges von Tabelle 1 nach der Größe der von ihnen dargestellten natürlichen Zahlen geordnet sind.

---

[1]) Im folgenden sei n stets aus der Menge $\{0, 2, 1, \ldots\}$ der natürlichen Zahlen Nz. — Als nullstellige Funktionen nehmen wir die konstanten Funktionen in diese Definition auf.

[2]) In Fällen, wo keine Unklarheiten auftreten können, lassen wir den oberen Index von f, der die Stellenzahl bezeichnet, weg.

Wir sagen, f^n *hängt* genau dann *wesentlich von der i-ten Stelle* bzw. *von der i-ten Variablen* $(1 \leqq i \leqq n)$ *ab*, wenn es n-Tupel

$$\tilde{\alpha} = [\alpha_1, \ldots, \alpha_{i-1}, 0, \alpha_{i+1}, \ldots, \alpha_n]$$
$$\tilde{\alpha}' = [\alpha_1, \ldots, \alpha_{i-1}, 1, \alpha_{i+1}, \ldots, \alpha_n]$$

gibt, für die $f^n(\tilde{\alpha}) \neq f^n(\tilde{\alpha}')$. Die i-te Stelle bzw. Variable heißt dann *wesentlich* für f^n. Alle Variablen, von denen f^n nicht wesentlich abhängt, heißen *fiktive* Variablen.

Die Anzahl der Stellen, von denen eine BooLEsche Funktion wesentlich abhängt, wollen wir *Ordnung* dieser Funktion nennen.

BooLEsche Funktionen $f_1^{n_1}$ und $f_2^{n_2}$ nennen wir genau dann *äquivalent*, wenn entweder $f_1^{n_1} = f_2^{n_2}$ gilt oder wenn eine der Funktionen aus der anderen durch Hinzunahme fiktiver Variablen entsteht.

Es ist evident, daß mit jeder BooLEschen Funktion f^n die Menge der zu ihr äquivalenten BooLEschen Funktionen charakterisiert ist; wir bezeichnen diese durch $\langle\!\langle f^n \rangle\!\rangle$.

Wir führen nun einige für die weiteren Betrachtungen wichtige BooLEsche Funktionen ein:

k_0, k_1, *id*, *non*, *et*, *vel*, *seq*, *äq*, *aut*, *sh*.

Die Definitionen dieser Funktionen sind in Tabelle 2 angegeben.

Die Funktionen k_0 und k_1 sind nullstellige *konstante* Funktionen, *id* ist die einstellige *identische* Funktion. Die einstellige Funktion non heißt auch *Negation*. Die folgenden Funktionen sind zweistellig: *et* nennen wir auch *Konjunktion* oder *logisches Produkt*, *vel* wird auch *Alternative* oder *logische Summe* genannt, *seq* bezeichnen wir als *Implikation*, *äq* heißt *Äquivalenz*, *aut* nennen wir *Disjunktion* oder *Addition modulo* 2 und *sh* schließlich Sheffer*sche Funktion*.

Tabelle 2

x	k_0	k_1	$id(x)$	$non(x)$	x_1	x_2	$et(x_1, x_2)$	$vel(x_1, x_2)$	$seq(x_1, x_2)$	$äq(x_1, x_2)$	$aut(x_1, x_2)$	$sh(x_1, x_2)$
0	0	1	0	1	0	0	0	0	1	1	0	1
1	0	1	1	0	0	1	0	1	1	0	1	1
					1	0	0	1	0	0	1	1
					1	1	1	1	1	1	0	0

Bemerkung 1.[1]) Anstelle der hier entsprechend dem deutschen Sprachgebrauch eingeführten elementaren BOOLEschen Funktionen werden im Original (null-, ein- und zweistellige) *Operationen* in E^2 verwendet, die wie folgt definiert sind:

$$\begin{array}{lll} 0 =_{\mathrm{Df}} k_0 & x =_{\mathrm{Df}} id(x) & (x_1 \wedge x_2) =_{\mathrm{Df}} et(x_1, x_2) \\ 1 =_{\mathrm{Df}} k_1 & \bar{x} =_{\mathrm{Df}} non(x) & (x_1 \vee x_2) =_{\mathrm{Df}} vel(x_1, x_2) \\ & & (x_1 \rightarrow x_2) =_{\mathrm{Df}} seq(x_1, x_2) \\ & & (x_1 \leftrightarrow x_2) =_{\mathrm{Df}} \ddot{a}q(x_1, x_2) \\ & & (x_1 \oplus x_2) =_{\mathrm{Df}} aut(x_1, x_2) \\ & & (x_1 \mid x_2) =_{\mathrm{Df}} sh(x_1, x_2). \end{array}$$

Da im Rahmen dieser Monographie keine Verwechslungen mit den im klassischen zweiwertigen Aussagenkalkül gleichbezeichneten *aussagenlogischen Funktoren* zu befürchten sind, verwenden wir $^-$, $\wedge$, $\vee$, . . . gleichberechtigt neben *non*, *et*, *vel*, . . .

Wie in der Arithmetik hat man beim Gebrauch der Operationen $^-$, $\wedge$, $\vee$, . . . in E^2 durch korrekte Klammerung eventuelle Zweideutigkeiten zu vermeiden. Zur Klammereinsparung vereinbaren wir, daß Außenklammern von Ausdrücken weggelassen werden können und daß jede der Operationen $\wedge$, $\vee$, $\oplus$, $\rightarrow$, $\leftrightarrow$, $\mid$ stärker trennt als alle in der angegebenen Reihenfolge jeweils vorangehenden.

Beispiele.

1. Wie man Tabelle 2 entnimmt, gilt für jedes x_1, x_2, x_3 aus E^2:

$$(x_1 \vee x_2) \vee x_3 = x_1 \vee (x_2 \vee x_3)\,,$$

$$(x_1 \wedge x_2) \wedge x_3 = x_1 \wedge (x_2 \wedge x_3) \quad \text{(Assoziativität von } \vee \text{ und } \wedge\text{)}.$$

Analoge Beziehungen gelten auch für n Variablen.

2. Aus Tabelle 2 ist ersichtlich, daß $\overline{x \wedge y} = x \mid y$ und $\bar{x} \vee \bar{y} = x \mid y$. Damit hat man $\overline{x \wedge y} = \bar{x} \vee \bar{y}$ (DE MORGANsche Regel).

3. Unter Beachtung der Klammereinsparungsregeln schreibt man für $(x \wedge y) \vee (x \wedge \overline{(x \wedge y)})$ kurz $x \wedge y \vee x \wedge \overline{x \wedge y}$. Analog verwenden wir die Schreibweise $x_1 \vee x_2 \vee \cdots \vee x_n$ und $x_1 \wedge x_2 \wedge \cdots \wedge x_n$.

Bemerkung 2. Bisweilen wird anstelle von $\wedge$ das Zeichen $\cdot$ verwendet oder das Operationszeichen gänzlich weggelassen. — Für die Summe $x_1 \oplus x_2 \oplus \cdots \oplus x_n$ schreiben wir wie üblich $\overset{n}{\underset{i=1}{\sum\!\!\!\!\bigcirc}}\, x_i$, wobei wir $\overset{0}{\underset{i=1}{\sum\!\!\!\!\bigcirc}}\, x_i =_{\mathrm{Df}} 0$ setzen.

[1]) Anmerkung der deutschen Herausgeber.

§ 2. Superpositionen von Booleschen Funktionen

Wir geben nun diejenigen Operationen an, die im folgenden für die Erzeugung neuer Boolescher Funktionen aus gegebenen Booleschen Funktionen zugelassen werden.

1. Die Hinzunahme fiktiver Variablen

Es sei f^n eine n-stellige Boolesche Funktion. Wir bilden eine $(n+1)$-stellige Boolesche Funktion g^{n+1}, indem wir für jedes $x_1, \ldots, x_{n+1}$ aus E^2 setzen $g^{n+1}(x_1, \ldots, x_n, x_{n+1}) =_{\mathrm{Df}} f^n(x_1, \ldots, x_n)$.

2. Die Gleichsetzung von Variablen

Es sei f^n eine n-stellige Boolesche Funktion mit $n \geqq 1$. Wir bilden eine $(n-1)$-stellige Boolesche Funktion g^{n-1}, indem wir für jedes $x_1, \ldots, x_{n-1}$ aus E^2 definieren $g^{n-1}(x_1, \ldots, x_{n-1}) =_{\mathrm{Df}} f^n(x_1, \ldots, x_{n-1}, x_{n-1})$.

3. Die Permutation von Variablen

Es seien f^n eine n-stellige Boolesche Funktion und π eine Permutation von $\{1, 2, \ldots, n\}$. Wir bilden eine n-stellige Boolesche Funktion g^n, indem wir für jedes $x_1, \ldots, x_n$ aus E^2 setzen $g^n(x_1, \ldots, x_n) =_{\mathrm{Df}} f^n(x_{\pi(1)}, \ldots, x_{\pi(n)})$.

4. Die Substitution

Es seien f^n eine n-stellige und g^m eine m-stellige Boolesche Funktion mit $n \geqq 1$. Wir definieren wie folgt eine $(n-1+m)$-stellige Boolesche Funktion h^{n-1+m}: Für jedes $x_1, \ldots, x_{n-1}, y_1, \ldots, y_m$ aus E^2 ist

$$h^{n-1+m}(x_1, \ldots, x_{n-1}, y_1, \ldots, y_m) =_{\mathrm{Df}} f^n(x_1, \ldots, x_{n-1}, g^m(y_1, \ldots, y_m)).$$

Jede Boolesche Funktion f, die aus einer Menge $\mathfrak{M}$ von Booleschen Funktionen durch iterierte Anwendung der Erzeugungsschemata 1 bis 4 gewonnen werden kann, soll *Snperposition* von Funktionen aus $\mathfrak{M}$ heißen.

Bemerkung. Es ist klar, daß man wegen 1 bis 3 das Substitutionsschema 4 durch das folgende äquivalent ersetzen kann, falls man die n-stelligen Identitätsfunktionen $p_i^n(x_1, \ldots, x_{i-1}, x_i, x_{i+1}, \ldots, x_n) =_{\mathrm{Df}} x_i$ zur Verfügung hat:

4'. Es seien f^n eine n-stellige Boolesche Funktion und $g_1^{m_1}, \ldots, g_n^{m_n}$ Boolesche Funktionen mit $m_1 = m_2 = \cdots = m_n = m$. Dann bilden wir eine m-stellige Boolesche Funktion h^m, indem wir setzen

$$h^m(y_1, \ldots, y_m) =_{\mathrm{Df}} f^n(g_1^m(y_1, \ldots, y_m), \ldots, g_n^m(y_1, \ldots, y_m)) .$$

§ 3. Der Zerlegungssatz

Wir führen die folgenden Bezeichnungen ein:

$$x^0 =_{\mathrm{Df}} \bar{x} , \qquad x^1 =_{\mathrm{Df}} x .$$

Man sieht leicht ein, daß für jedes x und σ aus E^2 gilt: $x^\sigma = 1$ genau dann, wenn $x = \sigma$.

Satz 1. (*Zerlegungssatz*). *Jede n-stellige* BOOLE*sche Funktion f mit* $n \geqq 1$ *läßt sich in der folgenden Weise darstellen:* $f(x_1, \ldots, x_k, x_{k+1}, \ldots, x_n) =$

$$= \bigvee_{[\sigma_1, \ldots, \sigma_k] \in \underset{k}{\times} E^2} x_1^{\sigma_1} \ldots x_k^{\sigma_k} f(\sigma_1, \ldots, \sigma_k, x_{k+1}, \ldots, x_n) \text{ . [1]} \quad (*)$$

Beweis. Wir bemerken zunächst, daß $0 \cdot x = 0$, $1 \cdot x = x$ und $0 \vee x = x$ gilt. Ferner ist $x_1^{\sigma_1} \ldots x_k^{\sigma_k} = 1$ genau dann, wenn $x_1 = \sigma_1, \ldots, x_k = \sigma_k$. Damit hat man

$$\bigvee_{[\sigma_1, \ldots, \sigma_k]} \alpha_1^{\sigma_1} \ldots \alpha_k^{\sigma_k} f(\sigma_1, \ldots, \sigma_k, x_{k+1}, \ldots, x_n)$$
$$= \alpha_1^{\alpha_1} \ldots \alpha_k^{\alpha_k} f(\alpha_1, \ldots, \alpha_k, x_{k+1}, \ldots, x_n)$$
$$= f(\alpha_1, \ldots, \alpha_k, x_{k+1}, \ldots, x_n) \text{ , was zu beweisen war.}$$

Eine Darstellung von f der Form (*) nennen wir *Zerlegung* von f nach den Variablen $x_1, \ldots, x_k$.

Folgerung 1. *Für $k = 1$ erhält man aus* (*)

$$f(x_1, \ldots, x_n) = x_1 f(1, x_2, \ldots, x_n) \vee \bar{x}_1 f(0, x_2, \ldots, x_n).$$

Folgerung 2. *Für $k = n$ folgt aus* (*)

$$f(x_1, \ldots, x_n) = \bigvee_{\substack{[\sigma_1, \ldots, \sigma_n] \\ f(\sigma_1, \ldots, \sigma_n) = 1}} x_1^{\sigma_1} \ldots x_n^{\sigma_n}$$

Die in Folgerung 2 angegebene Zerlegung von f heißt *kanonische alternative Normalform* von f (KANF). Sie ist für jedes f aus C_1 mit $f \neq k_0$ definiert. Die Konjunktionen $x_1^{\sigma_1} \cdot \ldots \cdot x_n^{\sigma_n}$ sollen *Elementarkonjunktionen* in $[x_1, \ldots, x_n]$ heißen.

Tabelle 3

x	y	z	$h(x, y, z)$	x	y	z	$h(x, y, z)$
0	0	0	0	1	0	0	0
0	0	1	0	1	0	1	1
0	1	0	0	1	1	0	1
0	1	1	1	1	1	1	1

[1]) Wir verwenden $\bigvee_{i=1}^{n} y_i$ abkürzend für $y_1 \vee y_2 \vee \cdots \vee y_n$. $\bigvee_{i=1}^{0} y_i$ nennen wir leere Alternative und ordnen ihr den Wert 0 zu. — Es sei für das Folgende vereinbart, daß die Alternativglieder der Zerlegung nach der Größe der von $[\sigma_1, \ldots, \sigma_n]$ im dyadischen System dargestellten natürlichen Zahlen angeordnet werden.

Beispiel. Es sei h die in Tabelle 3 gegebene dreistellige BOOLEsche Funktion. Wir betrachten die Tripel, für die h den Wert Eins annimmt. Es sind dies [0, 1, 1], [1, 0, 1], [1, 1, 0] und [1, 1, 1]. Damit konstruieren wir die KANF von h wie folgt:

$$\begin{aligned} h(x, y, z) &= x^0 y^1 z^1 \vee x^1 y^0 z^1 \vee x^1 y^1 z^0 \vee x^1 y^1 z^1 \\ &= \bar{x} y z \vee x \bar{y} z \vee x y \bar{z} \vee x y z \,. \end{aligned}$$

§ 4. Ein Satz über die Zerlegungskomponenten BOOLEscher Funktionen

Wir untersuchen die Zerlegung einer n-stelligen BOOLEschen Funktion f nach der i-ten Variablen (s. Folgerung 1 von Satz 1):

$$\begin{aligned} f(x_1, \ldots, x_{i-1}, x_i, x_{i+1}, \ldots, x_n) = x_i f(x_1, \ldots, x_{i-1}, 1, x_{i+1}, \ldots, x_n) \vee \\ \vee \bar{x}_i f(x_1, \ldots, x_{i-1}, 0, x_{i+1}, \ldots, x_n) \,. \end{aligned}$$

Die Funktion f^{x_i} mit $f^{x_i}(x_1, \ldots, x_{i-1}, x_{i+1}, \ldots, x_n) =_{\mathrm{Df}} f(x_1, \ldots, x_{i-1}, 1, x_{i+1}, \ldots, x_n)$ nennen wir *x_i-Komponente* der Zerlegung von f nach der i-ten Variablen; analog heißt $f^{\bar{x}_i}$ mit

$$f^{\bar{x}_i}(x_1, \ldots, x_{i-1}, x_{i+1}, \ldots, x_n) =_{\mathrm{Df}} f(x_1, \ldots, x_{i-1}, 0, x_{i+1}, \ldots, x_n)$$

$\bar{x}_i$-Komponente dieser Zerlegung.

Man überzeugt sich leicht von der Gültigkeit der folgenden Aussage:

Satz 2. (*Superpositionen von Komponenten*). *Hat eine m-stellige BOOLEsche Funktion Φ die Form $\Phi(x_1, \ldots, x_{i-1}, x_i, x_{i+1}, \ldots, x_m) = f(f_1(\tilde{x}), \ldots, f_{i-1}(\tilde{x}), x_i, f_{i+1}(\tilde{x}), \ldots, f_n(\tilde{x}))$, wobei $\tilde{x} =_{\mathrm{Df}} [x_1, \ldots, x_m]$, so gilt für die x_i-Komponente von Φ: $\Phi^{x_i}(\tilde{x}') = f^{x_i}(f_1^{x_i}(\tilde{x}'), \ldots, f_{i-1}^{x_i}(\tilde{x}'), f_{i+1}^{x_i}(\tilde{x}'), \ldots, f_n^{x_i}(x'))$, wobei $\tilde{x}' =_{\mathrm{Df}} [x_1, \ldots, x_{i-1}, x_{i+1}, \ldots, x_m]$. Umgekehrt folgt aus $\Phi_1(\tilde{x}') = f^{x_i}(f_1^{x_i}(\tilde{x}'), \ldots, f_{i-1}^{x_i}(\tilde{x}'), f_{i+1}^{x_i}(\tilde{x}'), \ldots, f_n^{x_i}(\tilde{x}'))$, daß Φ_1 eine x_i-Komponente einer Funktion Φ der Form $\Phi(x_1, \ldots, x_{i-1}, x_i, x_{i+1}, \ldots, x_m) = f(f_1(\tilde{x}), \ldots, f_{i-1}(\tilde{x}), x_i, f_{i+1}(\tilde{x}), \ldots, f_n(\tilde{x}))$ ist.*

Eine analoge Aussage erhält man für die $\bar{x}_i$-Komponenten von Φ.

§ 5. Abgeschlossene Mengen und POSTsche Klassen. Basis und Ordnung einer abgeschlossenen Menge

Es sei $\mathfrak{M}$ eine beliebige Teilmenge von C_1.

Definition. *Eine Menge $[\mathfrak{M}]$ heißt genau dann Hülle (Abschluß) von $\mathfrak{M}$, wenn $[\mathfrak{M}]$ aus allen und nur den Superpositionen von $\mathfrak{M}$ besteht.*

Beispiel. Es sei $\mathfrak{M} =_{\mathrm{Df}} \{non\}$. Es ist offensichtlich, daß $[\mathfrak{M}] = \langle\langle id\rangle\rangle \cup \langle\langle non\rangle\rangle$.

Die oben definierte Operation ist ein *Hüllenoperator*, d. h., es gilt:

1. $\mathfrak{M} \subseteq [\mathfrak{M}]$ (Einbettung),
2. Wenn $\mathfrak{M}_1 \subseteq \mathfrak{M}_2$, so ist $[\mathfrak{M}_1] \subseteq [\mathfrak{M}_2]$ (Monotonie),
3. $[[\mathfrak{M}]] = [\mathfrak{M}]$ (Abgeschlossenheit).

Definition. *Eine Menge $\mathfrak{M}$ heißt abgeschlossen, wenn $[\mathfrak{M}] = \mathfrak{M}$.*

Beispiel. Es sei $\mathfrak{M} =_{\mathrm{Df}} \{non\}$. Aus dem vorangegangenen Beispiel ist ersichtlich, daß $\mathfrak{M} \neq [\mathfrak{M}]$, d. h., $\mathfrak{M}$ ist nicht abgeschlossen.

Beispiel. Es sei $\mathfrak{M} =_{\mathrm{Df}} \langle\langle id\rangle\rangle \cup \langle\langle non\rangle\rangle$. Da $\mathfrak{M}$ die Hülle von $\{non\}$ ist, folgt aus der Eigenschaft 3 von „[ ]“, daß $\mathfrak{M}$ abgeschlossen ist.

Man überlegt sich leicht, daß der Durchschnitt beliebig vieler abgeschlossener Mengen wieder abgeschlossen ist.

Bemerkung. Ist $\langle\langle id\rangle\rangle \subseteq \mathfrak{M}$, so genügt es wegen der Äquivalenz der Erzeugungsverfahren 4 und 4′ zum Nachweis der Abgeschlossenheit von $\mathfrak{M}$ zu zeigen, daß mit den Funktionen f^n und g_i^m $(i = 1, 2, \ldots, n)$ auch die Funktion $h^m(y_1, \ldots, y_m) =_{\mathrm{Df}} f(g_1(y_1, \ldots, y_m), \ldots, g_n(y_1, \ldots, y_m))$ in $\mathfrak{M}$ liegt.

Definition. *Eine Teilmenge $\mathfrak{M}'$ einer abgeschlossenen Menge $\mathfrak{M}$ heißt genau dann vollständig in $\mathfrak{M}$, wenn $[\mathfrak{M}'] = \mathfrak{M}$.*

Mit anderen Worten heißt das: $\mathfrak{M}'$ ist genau dann vollständig in $\mathfrak{M}$, wenn jede Funktion aus $\mathfrak{M}$ Superposition gewisser Funktionen aus $\mathfrak{M}'$ ist.

Trivial ist jede abgeschlossene Menge $\mathfrak{M}$ vollständig in $\mathfrak{M}$.

Definition. *Eine Teilmenge $\mathfrak{K}$ einer abgeschlossenen Menge $\mathfrak{M}$ heißt genau dann* POST*sche Klasse von $\mathfrak{M}$, wenn $[\mathfrak{K}] \subset \mathfrak{M}$ ist und für jede Menge $\mathfrak{M}'$ mit $\mathfrak{K} \subset \mathfrak{M}' \subset \mathfrak{M}$ gilt $[\mathfrak{M}'] = \mathfrak{M}$.*

Das heißt, in der Menge der in einer abgeschlossenen Menge $\mathfrak{M}$ unvollständigen echten Teilmengen sind die POSTschen Klassen von $\mathfrak{M}$ die bezüglich „$\subseteq$“ maximalen Elemente.

Definition. *Eine in $\mathfrak{M}$ vollständige Menge heißt genau dann Basis von $\mathfrak{M}$, wenn keine ihrer echten Teilmengen vollständig in $\mathfrak{M}$ ist.*

Für eine abgeschlossene Menge $\mathfrak{M}$ BOOLEscher Funktionen sind a priori die folgenden Fälle denkbar:

1. $\mathfrak{M}$ hat eine endliche Basis,
2. $\mathfrak{M}$ hat eine abzählbare Basis,
3. $\mathfrak{M}$ hat keine Basis.

Für abgeschlossene Mengen mit endlicher Basis führen wir den Begriff der Ordnung ein. Es sei $\mathfrak{M}_1$ eine endliche Basis in $\mathfrak{M}$. Wir bezeichnen mit $k(\mathfrak{M}_1)$ das Maximum der Ordnungen der Funktionen aus $\mathfrak{M}_1$.

Definition. *$k(\mathfrak{M})$ heißt Ordnung der abgeschlossenen Menge $\mathfrak{M}$ mit endlicher Basis* $=_{\mathrm{Df}} k(\mathfrak{M}) =_{\mathrm{Df}} \min \{k(\mathfrak{M}_1) : \mathfrak{M}_1$ Basis von $\mathfrak{M}\}$.

Satz 3. *Die Menge $\{et, vel, non\}$ ist vollständig in C_1.*

Den Beweis führt man mit Folgerung 2 von Satz 1. Ferner verwendet man die Beziehung $x \cdot \bar{x} = 0$.

Man verifiziert leicht, daß $x \vee y = \overline{\bar{x} \cdot \bar{y}}$ und $x \cdot y = \overline{\bar{x} \vee \bar{y}}$. Berücksichtigt man diese Beziehungen, Satz 3 sowie die Unvollständigkeit der Mengen $\{vel\}$, $\{et\}$ und $\{non\}$ in C_1, so hat man:

Folgerung 1. *Die Mengen $\{et, non\}$, $\{vel, non\}$ sind Basen von C_1.*

Ferner gilt wegen $x \mid y = \bar{x} \vee \bar{y}$ (woraus $x \mid x = \bar{x}$ folgt) sowie wegen $(x \mid x) \mid (y \mid y) = x \vee y$:

Folgerung 2. *Die Menge $\{sh\}$ ist Basis von C_1.*

Folgerung 3. *Die Ordnung von C_1 ist gleich 2.*

§ 6. Das Dualitätsprinzip

Definition. *Eine n-stellige* Boolesche *Funktion f^* heißt genau dann dual zur n-stelligen* Booleschen *Funktion f, wenn für jedes $x_1, \ldots, x_n$ aus E^2 gilt $f^*(x_1, \ldots, x_n) = \bar{f}(\bar{x}_1, \ldots, \bar{x}_n)$.*

Aus dieser Definition folgt, daß gilt:

Funktion	duale Funktion
et	*vel*
vel	*et*
k_0	k_1
k_1	k_0
id	*id*
non	*non*

Wir bemerken, daß für jedes f aus C_1 gilt $(f^*)^* = f$.

Satz 4 (*Dualitätsprinzip*). *Für jede* Boolesche *Funktion g mit $g(\tilde{x}) = f(f_1(\tilde{x}), \ldots, f_n(\tilde{x}))$ gilt $g^*(\tilde{x}) = f^*(f_1^*(\tilde{x}), \ldots, f_n^*(\tilde{x}))$.*

Beweis. Es gilt
$$\begin{aligned} g^*(x_1,\ldots,x_m) &= \overline{g}(\overline{x}_1,\ldots,\overline{x}_m)\\ &= \overline{f}(f_1(\overline{x}_1,\ldots,\overline{x}_m),\ldots,f_n(\overline{x}_1,\ldots,\overline{x}_m))\\ &= \overline{f}(\overline{\overline{f_1}}(\overline{x}_1,\ldots,\overline{x}_m),\ldots,\overline{\overline{f_n}}(\overline{x}_1,\ldots,\overline{x}_m))\\ &= f^*(f_1^*(x_1,\ldots,x_m),\ldots,f_n^*(x_1,\ldots,x_m)). \end{aligned}$$

Es sei $\mathfrak{M}$ eine beliebige Teilmenge von C_1. Mit $\mathfrak{M}^*$ wollen wir die Menge aller zu den Funktionen aus $\mathfrak{M}$ dualen Funktionen bezeichnen. Wir sagen, $\mathfrak{M}^*$ ist *dual* zu $\mathfrak{M}$. Ferner nennen wir $\mathfrak{M}$ *selbstdual*, wenn $\mathfrak{M}^* = \mathfrak{M}$.

Wegen Satz 4 haben wir:

Folgerung 1. *Ist $\mathfrak{M}$ eine abgeschlossene Menge, so ist auch $\mathfrak{M}^*$ abgeschlossen.*

Folgerung 2. *Ist $\mathfrak{M}$ eine abgeschlossene Menge und die Menge $\mathfrak{N}$ vollständig in $\mathfrak{M}$, so ist auch die Menge $\mathfrak{N}^*$ vollständig in $\mathfrak{M}^*$, d. h., aus $[\mathfrak{N}] = \mathfrak{M}$ folgt $[\mathfrak{N}^*] = \mathfrak{M}^*$.*

Insbesondere gilt: Wenn $\mathfrak{M}_1$ eine Basis der abgeschlossenen Menge $\mathfrak{M}$ ist, so ist auch $\mathfrak{M}_1^*$ eine Basis von $\mathfrak{M}^*$.

Folgerung 3. *Aus $\mathfrak{M}_1 \subseteq \mathfrak{M}_2$ folgt $\mathfrak{M}_1^* \subseteq \mathfrak{M}_2^*$.*

Kapitel II

Selbstduale, monotone und lineare BOOLEsche Funktionen

§ 1. Selbstdualität. Die Menge D_3 und ihre Basis. Ein Lemma über selbstduale Funktionen

Definition. *Eine* BOOLE*sche Funktion f heißt genau dann selbstdual, wenn $f^* = f$.*

Es ist offensichtlich, daß die Funktionen *id* und *non* selbstdual sind.

Aus den Gleichungen $(x \vee y) \cdot (x \vee z) \cdot (y \vee z) = x \cdot y \vee x \cdot z \vee y \cdot z$,

$$[(x \oplus 1) \oplus (y \oplus 1) \oplus (z + 1)] \oplus 1 = x \oplus y \oplus z$$

und dem Dualitätsprinzip folgt, daß die Funktionen f und g mit

$$f(x, y, z) =_{\mathrm{Df}} x\,y \vee x\,z \vee y\,z\,,$$

$$g(x, y, z) =_{\mathrm{Df}} x \oplus y \oplus z \quad \text{selbstdual sind.}$$

Es bezeichne D_3 die Menge aller selbstdualen BOOLEschen Funktionen. Da $k_0 \notin D_3$ und $k_1 \notin D_3$, folgt $D_3 \neq C_1$.

Lemma 1. *Die Menge D_3 ist abgeschlossen.*

Beweis. Zufolge unserer Bemerkungen aus § 2 genügt es zu zeigen, daß mit den Funktionen $f^n, f_1^m, \ldots, f_n^m$ auch die Funktion g^m mit $g^m(\tilde{y}) =_{\mathrm{Df}} f^n(f_1^m(\tilde{y}), \ldots, f_n^m(\tilde{y}))$ selbstdual ist. Es gilt aber

$$\begin{aligned} g(y_1, \ldots, y_m) &= f(f_1(y_1, \ldots, y_m), \ldots, f_n(y_1, \ldots, y_m)) \\ &= f(\overline{f_1}(\overline{y}_1, \ldots, \overline{y}_m), \ldots, \overline{f_n}(\overline{y}_1, \ldots, \overline{y}_m)) \\ &= \overline{f}(f_1(\overline{y}_1, \ldots, \overline{y}_m), \ldots, f_n(\overline{y}_1, \ldots, \overline{y}_m)) \\ &= \overline{g}(\overline{y}_1, \ldots, \overline{y}_m), \text{ und das war zu zeigen.} \end{aligned}$$

Bemerkung 1. Damit ist (siehe Eigenschaft 3 von „[ ]") zugleich gezeigt, daß die Hülle jeder Menge selbstdualer Funktionen nur selbstduale Funktionen enthält.

Wir betrachten die Zerlegung einer selbstdualen Funktion f nach der ersten Variablen (siehe Folgerung 1 von Satz 1):

$$f(x_1, \ldots, x_n) = x_1 f(1, x_2, \ldots, x_n) \vee \overline{x}_1 f(0, x_2, \ldots, x_n)\,.$$

Bemerkung 2. Die x_1-Komponente ist dual zur $\overline{x}_1$-Komponente dieser Entwicklung von f, d. h., $f_1^*(x_2, \ldots, x_n) = f_0(x_2, \ldots, x_n)$, wobei $f_1(x_2, \ldots, x_n) =_{\mathrm{Df}} f^{x_1}(x_2, \ldots, x_n)$, $f_0(x_2, \ldots, x_n) =_{\mathrm{Df}} f^{\overline{x}_1}(x_2, \ldots, x_n)$.

Aus Bemerkung 2 folgt, daß zur Charakterisierung der Zerlegung selbstdualer Funktionen eine Komponente genügt.

Bemerkung 3. Wenn eine selbstduale Funktion von mehr als einer Variablen wesentlich abhängt, so kann man aus ihr und einer konstanten Funktion eine nichtselbstduale Funktion erzeugen, die von mindestens zwei Variablen wesentlich abhängt. In der Tat, betrachten wir die Zerlegung einer selbstdualen Funktion f nach der Variablen x_1 (o. B. d. A. sei f von x_1 wesentlich abhängig): $f(x_1, \ldots, x_n) = x_1 f(1, x_2, \ldots, x_n) \vee \vee \bar{x}_1 \bar{f}(1, \bar{x}_2, \ldots, \bar{x}_n)$. Man erkennt unschwer, daß die x_1-Komponente nicht selbstdual ist. Im anderen Falle wäre nämlich (siehe Bemerkung 2) $f(x_1, \ldots, x_n) = (x_1 \vee \bar{x}_1) f(1, x_2, \ldots, x_n)$, d. h., f wäre von x_1 nicht wesentlich abhängig. Insbesondere können die Funktionen f^{x_1} und $f^{\bar{x}_1}$ nicht nur von einer Variablen wesentlich abhängen. Da die x_1- und $\bar{x}_1$-Komponenten unserer Entwicklung trivial von den konstanten Funktionen verschieden sind, folgt, daß jede von ihnen von mindestens zwei Variablen abhängt. Also ist die Funktion g mit $g(x_2, \ldots, x_n) =_{\mathrm{Df}} f(c, x_2, \ldots, x_n)$, wobei c eine Konstante aus E^2 ist, eine Funktion der behaupteten Art.

Lemma 2. *Die Menge* $\{g\}$ *mit* $g(x, y, z) =_{\mathrm{Df}} x \bar{y} \vee x \bar{z} \vee \bar{y} \bar{z}$ *ist Basis von* D_3.

Beweis. Es ist offensichtlich, daß $g \in D_3$. Wir zeigen nun, daß jede Funktion f mit $f \in D_3$ aus g erzeugt werden kann. Dazu zerlegen wir f nach der ersten Variablen und erhalten $f(x_1, \ldots, x_n) = x_1 f(1, x_2, \ldots, x_n) \vee \vee \bar{x}_1 \bar{f}(1, \bar{x}_2, \ldots, \bar{x}_n)$. Die x_1-Komponente dieser Zerlegung kann aus der Funktion *sh* erzeugt werden (siehe Folgerung 2 aus Satz 3). Damit ist nach Satz 2 die Funktion f Superposition der Funktion g mit $g(x_1, x, y) = =_{\mathrm{Df}} x_1 \cdot x \mid y \vee \bar{x}_1 \cdot \overline{\bar{x} \mid \bar{y}}$. Es ist aber, wie man leicht sieht, $g(x_1, x, y) = = x_1 \bar{x} \vee x_1 \bar{y} \vee \bar{x} \bar{y}$, was zu beweisen war.

Folgerung 1. *Die Mengen* $\{g_1\}$, $\{non, g_2\}$ *mit* $g_1(x, y, z) =_{\mathrm{Df}} \overline{x y \vee x z \vee y z}$, $g_2(x, y, z) =_{\mathrm{Df}} x y \vee x z \vee y z$ *sind Basen von* D_3.

Da die Menge D_3 keine Funktionen enthält, die von genau zwei Variablen wesentlich abhängen, erhält man

Folgerung 2. *Die Ordnung von* D_3 *ist gleich* 3.

Lemma 3. *Aus jeder nichtselbstdualen Funktion und der Funktion non kann man eine konstante Funktion erzeugen.*

Beweis. Es sei eine n-stellige nichtselbstduale Funktion f gegeben. Dann existiert ein n-Tupel $[\alpha_1, \ldots, \alpha_n]$, so daß $f(\alpha_1, \ldots, \alpha_n) = f(\bar{\alpha}_1, \ldots, \bar{\alpha}_n)$.

Wir definieren nun Funktionen φ_i, $i = 1, 2, \ldots, n$, indem wir setzen

$$\varphi_i(x) =_{\mathrm{Df}} \begin{cases} x, & \text{falls } \alpha_i = 0\,, \\ \bar{x}, & \text{sonst.} \end{cases}$$

Es ist evident, daß $\varphi_i(0) = \alpha_i$ und $\varphi_i(1) = \bar{\alpha}_i$. Betrachten wir nun die Funktion φ mit $\varphi(x) =_{\mathrm{Df}} f(\varphi_1(x), \ldots, \varphi_n(x))$. Man sieht unmittelbar ein, daß φ aus f erzeugt werden kann durch Substitution von *non* und Gleichsetzung von Variablen. Weiter hat man $\varphi(0) = f(\varphi_1(0), \ldots, \varphi_n(0)) = f(\alpha_1, \ldots, \alpha_n) = f(\bar{\alpha}_1, \ldots, \bar{\alpha}_n) = f(\varphi_1(1), \ldots, \varphi_n(1)) = \varphi(1)$, d. h., φ ist eine einstellige konstante Funktion. Damit ist das Lemma bewiesen.

§ 2. Monotonie. Die Menge A_1 und ihre Basis. Ein Lemma über nichtmonotone Funktionen. Gekürzte alternative Normalformen

Wir führen in $\underset{n}{\times} E^2$ wie folgt eine binäre Relation „$\precsim$“ ein:

$[\alpha_1, \ldots, \alpha_n] \precsim [\beta_1, \ldots, \beta_n] =_{\mathrm{Df}}$. Für jedes i mit $1 \leqq i \leqq n$ gilt $\alpha_i \leqq \beta_i$.

Es ist offensichtlich, daß „$\precsim$“ eine reflexive, identitäre und transitive Relation, d. h. eine Halbordnungsrelation, ist. Zum Nachweis dessen, daß „$\precsim$“ keine Ordnungsrelation ist, genügt das Beispiel der bezüglich „$\precsim$“ unvergleichbaren Paare [0, 1] und [1, 0].

Definition. *Eine n-stellige* BOOLE*sche Funktion f heißt genau dann monoton, wenn für jedes* $\tilde{\alpha}$ *und* $\tilde{\beta}$ *mit* $\tilde{\alpha}, \tilde{\beta} \in \underset{n}{\times} E^2$ *gilt: Wenn* $\tilde{\alpha} \precsim \tilde{\beta}$, *so ist* $f(\tilde{\alpha}) \leqq f(\tilde{\beta})$.

Aus dieser Definition folgt sofort, daß die Funktionen k_0, k_1, *id*, *vel* und *et* monoton sind.

Es bezeichne A_1 die Menge aller monotonen BOOLEschen Funktionen. Da *non* $\notin A_1$, folgt $A_1 \neq C_1$.

Lemma 4. *A_1 ist eine abgeschlossene Menge.*

Beweis. Da $\langle\!\langle id \rangle\!\rangle \subseteq A_1$ ist, genügt es wegen der Bemerkung aus § 2 zu zeigen, daß mit den Funktionen f^n, $f_1^m, \ldots, f_n^m$ auch die Funktion g^m mit $g^m(\tilde{y}) =_{\mathrm{Df}} f^n(f_1^m(\tilde{y}), \ldots, f_n^m(\tilde{y}))$ monoton ist. Es seien $\tilde{\alpha}$ und $\tilde{\beta}$ aus $\underset{m}{\times} E^2$ mit $\tilde{\alpha} \precsim \tilde{\beta}$ gegeben. Dann hat man für jedes i $(1 \leqq i \leqq n)$ auch $f_i(\tilde{\alpha}) \leqq f_i(\tilde{\beta})$. Folglich ist $[f_1(\tilde{\alpha}), \ldots, f_n(\tilde{\alpha})] \precsim [f_1(\tilde{\beta}), \ldots, f_n(\tilde{\beta})]$, d. h. aber, da f monoton ist, $g(\tilde{\alpha}) \leqq g(\tilde{\beta})$. Damit ist das Lemma bewiesen.

Bemerkung. Damit ist auch bewiesen, daß die Hülle jeder Menge monotoner BOOLEscher Funktionen nur monotone Funktionen enthält.

Wir wollen n-Tupel $\tilde{\alpha}$ und $\tilde{\beta}$ genau dann in der i-ten Komponente benachbart nennen, wenn $\tilde{\alpha} = [\alpha_1, \ldots, \alpha_{i-1}, 0, \alpha_{i+1}, \ldots, \alpha_n]$ und

$$\tilde{\beta} = [\alpha_1, \ldots, \alpha_{i-1}, 1, \alpha_{i+1}, \ldots, \alpha_n] .$$

Es ist klar, daß benachbarte n-Tupel bezüglich „$\precsim$" vergleichbar sind.

Lemma 5. *Eine n-stellige* BOOLE*sche Funktion f ist genau dann nicht monoton, wenn ein Paar benachbarter n-Tupel $\tilde{\alpha}$ und $\tilde{\beta}$ existiert, so daß $\tilde{\alpha} \precsim \tilde{\beta}$ und $f(\tilde{\alpha}) > f(\tilde{\beta})$.*

Beweis.

a) ($\rightarrow$): Es sei f eine nichtmonotone Funktion. Dann gibt es n-Tupel $\tilde{\alpha}'$ und $\tilde{\beta}'$, so daß $\tilde{\alpha}' \precsim \tilde{\beta}'$ und $f(\tilde{\alpha}') > f(\tilde{\beta}')$. Wir konstruieren zwischen $\tilde{\alpha}'$ und $\tilde{\beta}'$ eine Kette von n-Tupeln $\alpha^{(\nu)}$ $(\nu = 1, 2, \ldots, t)$, so daß $\tilde{\alpha}' = \tilde{\alpha}^{(1)} \precsim \tilde{\alpha}^{(2)} \precsim \cdots \precsim \tilde{\alpha}^{(t)} = \tilde{\beta}'$ und $\tilde{\alpha}^{(\nu)}$ benachbart mit $\tilde{\alpha}^{(\nu+1)}$ $(\nu = 1, 2, \ldots, t-1)$. Es ist evident, daß man stets eine derartige Kette finden kann, wenn $\tilde{\alpha}'$ und $\tilde{\beta}'$ vergleichbar sind. Wäre nun für jedes Paar benachbarter Glieder der Kette die Beziehung $f(\tilde{\alpha}^{(\nu)}) \leqq f(\tilde{\alpha}^{(\nu+1)})$ erfüllt, so hätte man $f(\tilde{\alpha}') \leqq f(\tilde{\beta}')$. Folglich existiert ein Paar benachbarter Glieder mit $\tilde{\alpha} \precsim \tilde{\beta}$ und $f(\tilde{\alpha}) > f(\tilde{\beta})$.

b) ($\leftarrow$): Diese Richtung gilt trivial.

Folgerung. *Aus k_0, k_1 und einer nichtmonotonen Funktion ist die Funktion non erzeugbar.* Zum Beweis sei eine n-stellige nichtmonotone Funktion f gegeben. Dann existieren wegen Lemma 5 benachbarte n-Tupel

$$\tilde{\alpha} =_{\mathrm{Df}} [\alpha_1, \ldots, \alpha_{i-1}, 0, \alpha_{i+1}, \ldots, \alpha_n]$$

und

$$\tilde{\beta} =_{\mathrm{Df}} [\alpha_1, \ldots, \alpha_{i-1}, 1, \alpha_{i+1}, \ldots, \alpha_n] ,$$

so daß $f(\tilde{\alpha}) = 1$ und $f(\tilde{\beta}) = 0$. Wir definieren eine Funktion g, indem wir setzen $g(x) =_{\mathrm{Df}} f(\alpha_1, \ldots, \alpha_{i-1}, x, \alpha_{i+1}, \ldots, \alpha_n)$. Man sieht unmittelbar, daß $g(x) = non(x)$.

Eine Konjunktion $x_{i_1}^{\sigma_1} \cdot \ldots \cdot x_{i_m}^{\sigma_m}$ heißt genau dann *Fundamentalkonjunktion vom Range m*, wenn $i_k \neq i_l$ für $k \neq l$ gilt. Die Konstante 1 nennen wir Fundamentalkonjunktion vom Range 0. Die Konjunktionsglieder $x_{i_\nu}^{\sigma_\nu}$ $(\nu = 1, 2, \ldots, m)$ sollen *Faktoren* der Fundamentalkonjunktion heißen.

Es sei eine n-stellige Funktion aus C_1 gegeben. Wir nennen eine Fundamentalkonjunktion $x_{i_1}^{\sigma_1} \ldots x_{i_m}^{\sigma_m}$ genau dann *Implikant* von f, wenn stets $\mathrm{seq}\big(x_{i_1}^{\sigma_1} \ldots x_{i_m}^{\sigma_m}, f(x_1, \ldots, x_n)\big) = 1$ gilt, d. h., wenn die Funktion f immer dann den Wert 1 annimmt, wenn die Fundamentalkonjunktion gleich 1 ist. Es ist unmittelbar einzusehen, daß jede Elementarkonjunktion von f ein Implikant von f ist (siehe Folgerung 2 aus Satz 1).

Ein Implikant von f heißt genau dann *Primimplikant* von f, wenn es keine Fundamentalkonjunktion aus einer Teilmenge der Faktoren des Implikanten gibt, die ebenfalls Implikant von f ist.

Es ist klar, daß man aus jedem Implikanten von f durch Streichen gewisser Faktoren stets einen Primimplikanten von f erzeugen kann.

Definition. *Die Alternative aller Primimplikanten einer* BOOLE*schen Funktion f heißt gekürzte alternative Normalform* (GANF) *von f, wobei wir die leere Alternative mit k_0 identifizieren.*

Beispiel. Die Primimplikanten der Funktion h (siehe Beispiel von Seite 6) sind $x\,y$, $x\,z$ und $y\,z$, d.h., die GANF von h lautet $x\,y \vee x\,z \vee y\,z$.

Wie man diesem Beispiel bereits entnimmt, fallen die KANF und die GANF einer Funktion im allgemeinen nicht zusammen.

Satz 5. *Für jede* BOOLE*sche Funktion f^n gilt: f^n ist mit der* GANF $\mathfrak{A}_{f^n}$ *wertverlaufsgleich, d. h., für jedes $\alpha_1, \ldots, \alpha_n$ ist $f^n(\alpha_1, \ldots, \alpha_n) = \mathfrak{A}_{f^n}(\alpha_1, \ldots, \alpha_n)$.*

Beweis. Es sei $\mathfrak{A}$ die GANF von f^n und $\mathfrak{A}(\alpha_1, \ldots, \alpha_n) = 1$. Dann gibt es eine Fundamentalkonjunktion von $\mathfrak{A}$, die gleich 1 ist. Folglich ist $f(\alpha_1, \ldots, \alpha_n) = 1$. Ist umgekehrt $f(\alpha_1, \ldots, \alpha_n) = 1$, so existiert in der KANF von f eine Elementarkonjunktion mit dem Wert 1. Wie wir uns oben überlegten, kann man aus dieser Elementarkonjunktion einen Primimplikanten von f gewinnen, der an der Stelle $\alpha_1, \ldots, \alpha_n$ ebenfalls den Wert 1 annimmt. Damit hat man schließlich $\mathfrak{A}(\alpha_1, \ldots, \alpha_n) = 1$.

Wir führen hier noch einige wichtige Eigenschaften von gekürzten alternativen Normalformen an, die wir im folgenden benutzen werden. Es seien $\mathfrak{P}_1$ und $\mathfrak{P}_2$ Primimplikanten einer GANF. Dann gibt es in $\mathfrak{P}_1$ einen Faktor, der in $\mathfrak{P}_2$ nicht vorkommt, und in $\mathfrak{P}_2$ einen Faktor, der in $\mathfrak{P}_1$ nicht vorkommt. Wäre dies nicht der Fall, könnte man nämlich einen der beiden Implikanten aus dem anderen durch Abspaltung von Faktoren gewinnen, was im Widerspruch dazu steht, daß $\mathfrak{P}_1$ und $\mathfrak{P}_2$ Primimplikanten sind.

Lemma 6. *Die* GANF *einer monotonen Funktion f enthält keine negierten Variablen.*

Beweis. Es genügt offenbar zu zeigen, daß kein Primimplikant von f negierte Variablen enthält. Es sei $\mathfrak{P}$ der Form $x_{i_1}^{\sigma_1} \ldots x_{i_{j-1}}^{\sigma_{j-1}} \bar{x}_{i_j} x_{i_{j+1}}^{\sigma_{j+1}} \ldots x_{i_t}^{\sigma_t}$

ein Primimplikant der monotonen Funktion f^n. Wir betrachten die Konjunktion $\mathfrak{P}'$ der Form $x_{i_1}^{\sigma_1} \ldots x_{i_{j-1}}^{\sigma_{j-1}} x_{i_{j+1}}^{\sigma_{j+1}} \ldots x_{i_t}^{\sigma_{i_t}}$ und zeigen, daß für jedes $\tilde{\alpha}'$ mit $\tilde{\alpha}' =_{\mathrm{Df}} [\alpha_1', \ldots, \alpha_n']$ aus $\mathfrak{P}'(\tilde{\alpha}') = 1$ auch $f(\tilde{\alpha}') = 1$ folgt, was mit $\mathrm{seq}(\mathfrak{P}'(\tilde{\alpha}'), f(\tilde{\alpha}')) = 1$ gleichbedeutend ist. Dazu definieren wir $\tilde{\alpha} =_{\mathrm{Df}} [\alpha_1, \ldots, \alpha_n]$ mit

$$\alpha_k =_{\mathrm{Df}} \begin{cases} \alpha_k', & \text{falls } k \neq i_j, \\ 0, & \text{falls } k = i_j. \end{cases}$$

Das n-Tupel $\tilde{\alpha}$ unterscheidet sich vom n-Tupel $\tilde{\alpha}'$ höchstens in der i_j-ten Komponente. Es ist evident, daß aus $\mathfrak{P}'(\alpha_1, \ldots, \alpha_n) = 1$ stets $\mathfrak{P}(\alpha_1, \ldots, \alpha_n) = 1$ und damit $f(\tilde{\alpha}) = 1$ folgt. Dann hat man aber wegen der Monotonie von f und wegen $\tilde{\alpha} \precsim \tilde{\alpha}'$ auch $f(\tilde{\alpha}') = 1$. Also ist $\mathfrak{P}'$ Implikant von f, im Widerspruch zur Voraussetzung, daß $\mathfrak{P}$ Primimplikant ist. Damit ist das Lemma bewiesen.

Aus Lemma 6 und Satz 5 folgt nunmehr:

Folgerung 1. *Die Menge $\{vel, et, k_0, k_1\}$ ist eine Basis von A_1.*

Folgerung 2. *Die Ordnung von A_1 ist gleich 2.*

Lemma 7. *Aus k_1 und jeder monotonen Funktion f, für die gilt $f \notin \langle\langle g \rangle\rangle$, $f \notin \langle\langle k_0 \rangle\rangle$ und $f \notin \langle\langle k_1 \rangle\rangle$, wobei $g(x_1, \ldots, x_n) =_{\mathrm{Df}} x_1 \cdot \ldots \cdot x_n$ $(n \geqq 1)$, kann die Funktion vel erzeugt werden.*

Beweis. Wir betrachten die zu f duale Funktion f^*. Man überlegt sich leicht unter Beachtung der Voraussetzungen, daß $f^* \notin \langle\langle g' \rangle\rangle$, $f^* \notin \langle\langle k_0 \rangle\rangle$ und $f^* \notin \langle\langle k_1 \rangle\rangle$, wobei $g'(x_1, \ldots, x_n) =_{\mathrm{Df}} x_1 \vee x_2 \vee \cdots \vee x_n$ $(n \geqq 1)$. Zufolge des Dualitätsprinzipes genügt es zu zeigen, daß man aus f und k_0 die Funktion *et* erzeugen kann. Dazu betrachten wir die GANF von f, die wegen Lemma 6 keine negierten Variablen enthält. Da $f^* \notin \langle\langle g' \rangle\rangle$, enthält nach Satz 5 die GANF von f einen Implikanten $\mathfrak{P}$ mit mindestens zwei Variablen. Jeder andere Implikant dieser GANF enthält mindestens eine Variable, die nicht in $\mathfrak{P}$ vorkommt. Deshalb erhält man aus f^* durch Substitution von k_0 in alle Variablen, die nicht in $\mathfrak{P}$ vorkommen, die Konjunktion $\mathfrak{P}$ selbst. Es ist klar, daß man aus $\mathfrak{P}$ durch Gleichsetzung von Variablen die Funktion *et* erzeugen kann. Damit ist das Lemma bewiesen.

§ 3. Die Menge D_2 und ihre Basis

Lemma 8. *Wenn eine abgeschlossene Menge $\mathfrak{M}$ selbstdualer monotoner* BOOLE*scher Funktionen eine Funktion f mit $f \notin \langle\langle id \rangle\rangle$ enthält, so liegt in $\mathfrak{M}$ die Funktion h mit $h(x, y, z) =_{\mathrm{Df}} x\,y \vee x\,z \vee y\,z$.*

Beweis. Es sei f eine n-stellige Funktion aus $\mathfrak{M}$ mit $f \notin \langle\langle \mathrm{id} \rangle\rangle$. Da es keine selbstduale zweistellige (und von allen Variablen wesentlich abhängende) Funktion gibt, folgt $n \geqq 3$. Wir zeigen, daß gilt: $f(0, 1, 1, \ldots, 1) = f(1, 0, 1, \ldots, 1) = f(1, 1, \ldots, 1, 0) = 1$. (*)

Angenommen, (*) ist nicht erfüllt. Dann existiert ein n-Tupel $\tilde{\alpha}$, dessen Komponenten mit Ausnahme der i-ten Komponente gleich 1 sind und für das $f(\tilde{\alpha}) = 0$ gilt. Wegen der Monotonie der Funktion f folgt dann aber, daß f auf allen n-Tupeln $[x_1, \ldots, x_{i-1}, 0, x_{i+1}, \ldots, x_n]$ den Wert 0 annimmt. Da f selbstdual ist, hat man ferner $f(x_1, \ldots, x_{i-1}, 1, x_{i+1}, \ldots, x_n) = 1$ für jedes $x_1, \ldots, x_{i-1}, x_{i+1}, \ldots, x_n$ aus E^2. Also ist $f \in \langle\langle \mathrm{id} \rangle\rangle$ im Widerspruch zur Voraussetzung. Es ist klar, daß jede Funktion f, die der Beziehung (*) genügt, nicht in $\langle\langle id \rangle\rangle$ liegt. Man überprüft ferner leicht, daß die Menge der selbstdualen monotonen Funktionen, die von drei Variablen wesentlich abhängen, gleich $\langle\langle \mathrm{h} \rangle\rangle$ ist, wobei $h(x, y, z) =_{\mathrm{Df}} x\,y \vee y\,z \vee x\,z$. Es sei dazu f eine n-stellige BOOLEsche Funktion, die von wenigstens vier Variablen wesentlich abhängt. Wir zeigen, wie man aus ihr die Funktion h erzeugen kann. Es sei $\tilde{\beta} =_{\mathrm{Df}} [\beta_1, \ldots, \beta_n]$ so gewählt, daß mindestens zwei Komponenten gleich Null und mindestens zwei Komponenten gleich Eins sind. Dann kann man o. B. d. A. annehmen, daß $f(\tilde{\beta}) = 1$, da man im Falle $f(\tilde{\beta}) = 0$ zum n-Tupel $\tilde{\gamma} =_{\mathrm{Df}} [\bar{\beta}_1, \ldots, \bar{\beta}_n]$ übergehen kann, das ebenfalls die von $\tilde{\beta}$ geforderten Eigenschaften hat und für das wegen der Selbstdualität von f die Beziehung $f(\tilde{\gamma}) = 1$ gilt. Wir setzen nun simultan alle Variablen gleich, für die $\beta_j = 0$ ist. Auf diese Weise erhalten wir eine Funktion f', die von r_1 Variablen wesentlich abhängt, wobei $r_1 < n$. Es ist klar, daß f' wiederum eine selbstduale monotone Funktion ist, die (*) erfüllt und daher nicht in $\langle\langle id \rangle\rangle$ liegt. Ist nun $r_1 > 3$, so wiederholen wir das soeben beschriebene Verfahren so lange, bis $r_1 = 3$. Die auf diese Weise konstruierte Funktion fällt mit h zusammen. Damit ist das Lemma bewiesen.

Es bezeichne D_2 die Menge aller selbstdualen monotonen Funktionen. Da $D_2 = D_3 \cap A_1$ gilt, folgt trivial die Abgeschlossenheit von D_2 (siehe Lemmata 1 und 4).

Lemma 9. *Die Menge* $\{h\}$ *mit* $h(x, y, z) =_{\mathrm{Df}} xy \vee yz \vee xz$ *ist Basis von* D_2.

Beweis. Es ist evident, daß $h \in D_2$. Wir zeigen, daß jede Funktion aus D_2 Superposition von h ist. Den Beweis führen wir durch vollständige

Induktion über die Anzahl n der Variablen, von denen die Funktion wesentlich abhängt.

Für $n \leqq 3$ ist unsere Behauptung trivial erfüllt. In der Tat:

Für $n = 1$ ist die Menge der selbstdualen monotonen Funktionen gleich $\langle\langle id \rangle\rangle$. Es ist aber $id(x) = h(x, x, x)$.

Für $n = 2$ existieren keine selbstdualen monotonen Funktionen.

Für $n = 3$ wurde im Beweis zu Lemma 8 bereits gezeigt, daß die Menge der selbstdualen monotonen Funktionen gleich $\langle\langle h \rangle\rangle$ ist.

Induktionsschritt: Es sei die Behauptung bereits für Funktionen, die von höchstens $n - 1$ Variablen ($n \geqq 4$) wesentlich abhängen, bewiesen. Wir zeigen, daß sie dann auch für Funktionen, die von n Variablen wesentlich abhängen, gilt. Es sei f eine derartige Funktion. Wir gehen über zur Funktion f_1, wobei wir setzen $f_1(x, y, z, x_4, x_5, \ldots, x_n) = {}_{\mathrm{Df}}\, h(f(x, x, z, x_4, \ldots, x_n), f(x, y, y, x_4, \ldots, x_n), f(z, y, z, x_4, \ldots, x_n))$, und behaupten, daß $f_1 = f$. Da f_1 offensichtlich eine selbstduale Funktion ist, genügt es zu zeigen, daß $f_1(0, 0, z, x_4, \ldots, x_n) = f(0, 0, z, x_4, \ldots, x_n)$ und $f_1(0, 1, z, x_4, \ldots, x_n) = f(0, 1, z, x_4, \ldots, x_n)$ gilt. (**) Dazu substituieren wir in f und f_1 für die Variablen $x_4, \ldots, x_n$ die Funktionen k_0 und k_1 beliebig, aber fest. Die so erzeugten dreistelligen Funktionen seien g und g_1. Damit lautet (**): $g_1(0, 0, z) = g(0, 0, z)$, $g_1(0, 1, z) = g(0, 1, z)$. Nun gilt $g_1(0, 0, z) = g(0, 0, z) \cdot g(0, 0, 0) \vee g(0, 0, z) \times g(z, 0, z) \vee g(0, 0, 0) \cdot g(z, 0, z)$. Aus der Monotonie von f folgt $g(z, 0, z) \geqq g(0, 0, z) \geqq g(0, 0, 0)$, weshalb man $g_1(0, 0, z) = g(0, 0, 0) \vee g(0, 0, z) \vee g(0, 0, 0) = g(0, 0, z)$ hat. Ferner ist $g_1(0, 1, z) = g(0, 0, z) \times g(0, 1, 1) \vee g(0, 0, z) \cdot g(z, 1, z) \vee g(0, 1, 1) \cdot g(z, 1, z)$. Wendet man wiederum die Monotonie von f an, so folgt $g(0, 0, z) \leqq g(0, 1, 1)$, $g(0, 0, z) \leqq g(z, 1, z)$. Also gilt $g_1(0, 1, z) = g(0, 0, z) \vee g(0, 0, z) \vee g(0, 1, 1) \times g(z, 1, z) = g(0, 1, 1) \cdot g(z, 1, z) = g(0, 1, z)$. Damit haben wir $f(x, y, z, x_4, \ldots, x_n) = h(f'(x, z, x_4, \ldots, x_n), f''(x, y, x_4, \ldots, x_n), f'''(y, z, x_4, \ldots, x_n))$, wobei $f'(x, z, x_4, \ldots, x_n) = {}_{\mathrm{Df}}\, f(x, x, z, x_4, \ldots, x_n)$, $f''(x, y, x_4, \ldots, x_n) = {}_{\mathrm{Df}}\, f(x, y, y, x_4, \ldots, x_n)$, $f'''(y, z, x_4, \ldots, x_n) = {}_{\mathrm{Df}}\, f(z, y, z, x_4, \ldots, x_n)$. Da die Funktionen f', f'', f''' nach Induktionsvoraussetzung aus h erzeugbar sind, ist gezeigt, daß auch f aus h erzeugbar ist, was zu beweisen war.

Bemerkung. Da D_2 keine Funktionen enthält, die von zwei Variablen wesentlich abhängen, folgt aus Lemma 9, daß die Ordnung von D_2 gleich 3 ist.

§ 4. Linearität. Der Satz von SHEGALKIN[1]). Ein Lemma über nichtlineare BOOLEsche Funktionen

Definition. *Die Konstante* 0 *sowie jede wiederholungsfreie Disjunktion, die aus Fundamentalkonjunktionen von unnegierten Variablen und eventuell aus der Konstanten* 1 *aufgebaut ist, heißt* SHEGALKIN*sches Polynom.*

Satz 6 (I. I. SHEGALKIN). *Zu jeder Funktion f aus C_1 existiert ein* SHEGALKIN*sches Polynom, das mit f werteverlaufsgleich ist.*

Beweis. Wie bereits gezeigt, ist die Menge $\{et, non\}$ vollständig in C_1. Wegen $non(x) = x \oplus 1$ ist aber auch $\{et, aut, k_0, k_1\}$ vollständig in C_1. Berücksichtigen wir noch, daß $x \oplus x = 0$, $x \cdot x = x$ und $x \oplus 0 = x$ gilt, so ist Satz 6 bewiesen.

Beispiel. Es sei $f(x, y) = x \vee \bar{y}$. Dann hat man $f(x, y) = \overline{\bar{x} \cdot y} = (x \oplus 1) \cdot y = (x \oplus 1)\, y \oplus 1 = x\, y \oplus y \oplus 1$.

Bemerkung. Die Darstellung BOOLEscher Funktionen durch SHEGALKINsche Polynome ist eindeutig. Diese Behauptung folgt aus Satz 6 und aus der Tatsache, daß es genau 2^{2^n} SHEGALKINsche Polynome in n Variablen gibt. Das heißt, die Anzahl dieser Polynome fällt mit der Anzahl der n-stelligen BOOLEschen Funktionen zusammen.

Definition. *Eine n-stellige* BOOLE*sche Funktion f heißt genau dann linear, wenn es Konstanten $c_0, \ldots, c_n$ aus E^2 gibt, so daß für jedes $x_1, \ldots, x_n$ aus E^2 gilt $f(x_1, \ldots, x_n) = c_0 \oplus c_1\, x_1 \oplus \cdots \oplus c_n\, x_x$.*

Bemerkung. Hängt eine lineare Funktion f von der Variablen x_i wesentlich ab, so ist $c_i = 1$. Ferner ist klar, daß für jede Variable x_i, von der eine lineare Funktion f wesentlich abhängt, gilt: Für jedes $\alpha_1, \ldots, \alpha_{i-1}, \alpha_{i+1}, \ldots, \alpha_n$ aus E^2 ist $f(\alpha_1, \ldots, \alpha_{i-1}, 0, \alpha_{i+1}, \ldots, \alpha_n) \neq f(\alpha_1, \ldots, \alpha_{i-1}, 1, \alpha_{i+1}, \ldots, \alpha_n)$. (*)
Umgekehrt hat man: Jede BOOLEsche Funktion f, die bezüglich ihrer wesentlichen Variablen die Eigenschaft (*) erfüllt, ist eine lineare Funktion.

Es sei L_1 die Menge der linearen Funktionen.

---

[1]) SHEGALKIN, I. I., (Жегалкин, И. И., О технике вычислений предложений в символической логике. Матем. сб. 34, 1927) Die Technik der Berechnung von Sätzen in der symbolischen Logik; SHEGALKIN, I. I., (Жегалкин, И. И., Арифметизация символической логики. Матем. сб. 35 вып. 3—4, 1928) Arithmetisierung der symbolischen Logik.

Lemma 10. *Die Menge L_1 ist abgeschlossen.*
Der Beweis ist trivial.

Bemerkung. Wegen Eigenschaft 3 von „[ ]" folgt, daß der Abschluß jeder Menge linearer Funktionen nur aus linearen Funktionen besteht.

Folgerung. 1. *Die Menge $\{k_0, f\}$ mit $f(x, y) =_{\mathrm{Df}} x \oplus y \oplus 1$ ist eine Basis von L_1.*

Folgerung 2. *Die Ordnung von L_1 ist gleich 2.*

Lemma 11. *Aus jeder nichtlinearen n-stelligen* BOOLE*schen Funktion f und den Funktionen k_0, k_1 und non kann die Funktion et erzeugt werden.*

Beweis. Da f nichtlinear ist, existieren Variablen (o. B. d. A. seien dies x_1 und x_2), die in einer Fundamentalkonjunktion des SHEGALKINschen Polynoms von f vorkommen (siehe Satz 6). Berücksichtigt man das, so erhält man folgende Darstellung von f: $f(x_1, \ldots, x_n) = x_1 x_2 . f_1(x_3, \ldots, x_n) \oplus \oplus x_1 \cdot f_2(x_3, \ldots, x_n) \oplus x_2 \cdot f_3(x_3, \ldots, x_n) \oplus f_4(x_3, \ldots, x_n)$, wobei (siehe Bemerkung zu Satz 6) $f_1 \notin \langle\langle k_0 \rangle\rangle$. Also existiert ein $(n-2)$-Tupel $[\alpha_3, \ldots, \alpha_n]$, so daß $f_1(\alpha_3, \ldots, \alpha_n) = 1$. Definiert man nun $h(x_1, x_2) =_{\mathrm{Df}} f(x_1, x_2, \alpha_3, \ldots, \alpha_n)$ (h entsteht aus f durch Substitution von k_0 und k_1 an den Stellen $3, \ldots, n$), so gilt $h(x_1, x_2) = x_1 x_2 \oplus \alpha\, x_1 \oplus \beta\, x_2 \oplus \gamma$, $\alpha, \beta, \gamma \in E^2$. Betrachten wir nun die Funktion g mit $g(x_1, x_2) =_{\mathrm{Df}} h\,(x_1 \oplus \beta, x_2 \oplus \alpha) \oplus \gamma \oplus \alpha\beta$ (g ist aus h und *non* erzeugbar), so folgt unmittelbar $g = et$. Damit ist unser Lemma bewiesen.

Lemma 12. *Aus jeder nichtlinearen Funktion f kann entweder eine zweistellige nichtlineare Funktion oder eine dreistellige nichtlineare Funktion, deren x_1-Komponente nichtlinear ist, erzeugt werden.*

Beweis. Zunächst zeigen wir, daß es für f n-Tupel $\tilde{\tau}_1, \tilde{\tau}_2, \tilde{\tau}_3, \tilde{\tau}_4$ der Form $\tilde{\tau}_1 = [1, \ldots, 1, \underset{i}{1}, 1, \ldots, 1]$, $\tilde{\tau}_2 = [1, \ldots, 1, \underset{i}{0}, 1, \ldots, 1]$, $\tilde{\tau}_3 = [\sigma_1, \ldots, \sigma_{i-1}, 1, \sigma_{i+1}, \ldots, \sigma_n]$, $\tilde{\tau}_4 = [\sigma_1, \ldots, \sigma_{i-1}, 0, \sigma_{i+1}, \ldots, \sigma_n]$ gibt, so daß f für genau drei von ihnen den gleichen Wert annimmt. Da f nichtlinear ist, so existiert zu einer gewissen für f wesentlichen Variablen x_i ein Paar in der i-ten Komponente benachbarter n-Tupel, so daß die Werte von f an diesen Stellen übereinstimmen (siehe Bemerkung auf Seite 18). Wir betrachten die in der i-ten Stelle benachbarten n-Tupel $\tilde{\tau}_1$ und $\tilde{\tau}_2$. Die folgenden beiden Fälle sind möglich:

a) $f(\tilde{\tau}_1) = f(\tilde{\tau}_2)$. Da f von der i-ten Variablen wesentlich abhängt, existieren in der i-ten Komponente benachbarte n-Tupel $\tilde{\tau}_3$ und $\tilde{\tau}_4$, so daß $f(\tilde{\tau}_3) = f(\tilde{\tau}_4)$.

b) $f(\tilde{\tau}_1) \neq f(\tilde{\tau}_2)$. Wie schon oben gezeigt, existiert dann $\tilde{\tau}_3$ und $\tilde{\tau}_4$ mit $f(\tilde{\tau}_3) = f(\tilde{\tau}_4)$. Ausgehend von $\tilde{\tau}_3$ und $\tilde{\tau}_4$ teilen wir die Variablen in drei Klassen ein. Die erste Klasse bestehe aus x_i, die zweite aus allen Variablen außer x_i, für die $\sigma_j = 0$, und die dritte aus allen restlichen Variablen. Danach setzen wir die Variablen jeder Klasse jeweils gleich. Für die so entstehende Funktion gibt es zwei Fälle:

1. Die dritte Klasse ist leer. Dann erhalten wir eine zweistellige Funktion g_1, wie sie in Tabelle 4a beschrieben ist. Da genau drei Werte von $f(\tilde{\tau}_4), f(\tilde{\tau}_3), f(\tilde{\tau}_2), f(\tilde{\tau}_1)$ übereinstimmen, ist g_1 nichtlinear.

Tabelle 4a

y	z	$g_1(y, z)$
0	0	$f(\tilde{\tau}_4)$
0	1	$f(\tilde{\tau}_3)$
1	0	$f(\tilde{\tau}_2)$
1	1	$f(\tilde{\tau}_1)$

Tabelle 4b

x	y	z	$g_2(x, y, z)$
1	0	0	$f(\tilde{\tau}_4)$
1	0	1	$f(\tilde{\tau}_3)$
1	1	0	$f(\tilde{\tau}_2)$
1	1	1	$f(\tilde{\tau}_1)$

2. Die dritte Klasse ist nicht leer. In diesem Falle erhalten wir eine dreistellige Funktion g_2, wie sie in Tabelle 4b beschrieben ist. In Tabelle 4b sind die Funktionswerte von g_2 für zwei Paare in der dritten Komponente benachbarter Tripel angegeben. Da genau drei der Werte $f(\tilde{\tau}_4), f(\tilde{\tau}_3), f(\tilde{\tau}_2), f(\tilde{\tau}_1)$ zusammenfallen, folgt, daß g_2 nicht linear ist. Ferner hat man $g_2(x, y, z) = x \cdot g_1(y, z) \vee \bar{x} \cdot g_2(0, y, z)$, wobei die x-Komponente g_1 von g_2 nicht linear ist, was zu beweisen war.

Folgerung. *Aus jeder nichtlinearen Funktion und der Funktion k_1 kann man eine zweistellige nichtlineare Funktion erzeugen.*

Kapitel III

Fundamenttypen abgeschlossener Mengen

§ 1. Fundamenttypen. Die 1- und 0-Separation vom Grade 2. Lemmata über abgeschlossene, die Funktion *et* enthaltende Mengen

Definition. *Eine n-stellige* BOOLE*sche Funktion f heißt genau dann*
α-Funktion (oder vom Typ α), wenn $f(x, \ldots, x) = x$ für jedes x aus E^2 gilt;
β-Funktion, (oder vom Typ β), wenn $f(x, \ldots, x) = 1$ für jedes x aus E^2 gilt;
γ-Funktion (oder vom Typ γ), wenn $f(x, \ldots, x) = 0$ für jedes x aus E^2 gilt;
δ-Funktion (oder vom Typ δ), wenn $f(x, \ldots, x) = \bar{x}$ für jedes x aus E^2 gilt.

Bemerkung. Es ist evident, daß die Hülle jeder Menge von α-Funktionen (bzw. α- oder β-Funktionen bzw. α- oder γ-Funktionen) nur α-Funktionen (bzw. α- oder β-Funktionen bzw. α- oder γ-Funktionen) enthält.

Definition. *Eine Menge heißt genau dann Fundament einer abgeschlossenen Menge $\mathfrak{M}$ von Funktionen, wenn sie aus allen und nur den Funktionen aus $\mathfrak{M}$ besteht, deren Ordnung kleiner oder gleich Eins ist. Unter dem Fundamenttyp einer abgeschlossenen Menge von Funktionen verstehen wir die Menge der Typen der Funktionen des Fundaments dieser Menge. Wir schreiben diese Typen in spitze Klammern.*

Eine abgeschlossene Menge nennen wir in Abhängigkeit vom Fundamenttyp $\langle\alpha\rangle$-, $\langle\beta\rangle$-, $\langle\gamma\rangle$-, $\langle\alpha, \beta\rangle$-, $\langle\alpha, \gamma\rangle$-, $\langle\alpha, \delta\rangle$-, $\langle\beta, \gamma\rangle$-, $\langle\alpha, \beta, \gamma\rangle$-, $\langle\alpha, \beta, \gamma, \delta\rangle$-Menge. Es ist klar, daß es keine abgeschlossenen Mengen mit anderen Fundamenttypen gibt.

Lemma 13. *Aus jeder n-stelligen β-Funktion f mit $f \notin \langle\langle k_1 \rangle\rangle$ und der Funktion k_1 kann die Funktion id erzeugt werden.*

Beweis. Da f eine β-Funktion ist und $f \notin \langle\langle k_1 \rangle\rangle$ gilt, existiert ein n-Tupel $\tilde{\alpha} = [\alpha_1, \ldots, \alpha_n]$, das vom n-Tupel $\tilde{1} = [1, \ldots, 1]$ verschieden ist, so daß $f(\tilde{\alpha}) = 0$. Wir substituieren für die Variablen x_i, für die $\alpha_i = 1$ ist, die Funktion k_1. Auf diese Weise erhalten wir trivial eine Funktion aus $\langle\langle id \rangle\rangle$, was zu beweisen war.

Definition. *Wir sagen, eine Teilmenge M von $\underset{n}{\times} E^2$ ist genau dann*

0-separabel (bzw. 1-separabel), wenn es ein i mit $1 \leqq i \leqq n$ gibt, so daß $M \subseteq \left(\underset{i-1}{\times} E^2\right) \times \{0\} \times \left(\underset{n-i}{\times} E^2\right)$ $\left(\textit{bzw. } M \subseteq \left(\underset{i-1}{\times} E^2\right) \times \{1\} \times \left(\underset{n-i}{\times} E^2\right)\right)$.

D. h., M ist genau dann 0-separabel (bzw. 1-separabel), wenn alle n-Tupel aus M eine gemeinsame i-te Komponente vom Wert 0 (bzw. 1) haben.

Definition. *Eine n-stellige* BOOLE*sche Funktion f heißt genau dann 0-separierend (bzw. 1-separierend) vom Grade 2, wenn gilt: Jede Zweiermenge aus dem vollen Urbild $f^{-1}(0)$ ist 0-separabel (bzw.: jede Zweiermenge aus $f^{-1}(1)$ ist 1-separabel).*

D. h., f ist genau dann 0-separierend vom Grade 2, wenn jedes Paar $\tilde{\alpha}$, $\tilde{\alpha}'$ $(\tilde{\alpha} \neq \tilde{\alpha}')$ von n-Tupeln mit $f(\tilde{\alpha}) = 0, f(\tilde{\alpha}') = 0$ eine gemeinsame i-te Komponente vom Wert 0 hat, und f ist genau dann 1-separierend vom Grade 2, wenn jedes Paar $\tilde{\beta}, \tilde{\beta}'(\tilde{\beta} \neq \tilde{\beta}')$ von n-Tupeln mit $f(\tilde{\beta}) = 1, f(\tilde{\beta}') = 1$ eine gemeinsame i-te Komponente vom Wert 1 hat.

Beispiel. Die Funktion h mit $h(x, y, z) =_{\mathrm{Df}} x\,y \vee x\,z \vee y\,z$ ist 1-separierend vom Grade 2.

Wir vereinbaren, daß die Funktion k_0 1-separierend vom Grade 2, jedoch nicht 0-separierend sei. Analog soll k_1 0-separierend vom Grade 2, jedoch nicht 1-separierend heißen.

Es bezeichne F_4^2 die Menge aller Funktionen, die 0-separierend vom Grade 2 sind; analog sei F_8^2 die Menge aller Funktionen, die 1-separierend vom Grade 2 sind.

Bemerkung 1. Für jede Funktion f aus F_8^2 (bzw. aus F_4^2) gilt $f(\tilde{0}) = 0$ (bzw. $f(\tilde{1}) = 1$), d. h., f ist entweder eine α- oder eine γ-Funktion (bzw. f ist entweder eine α- oder eine β-Funktion).

Bemerkung 2. Man prüft leicht, daß die Hülle jeder Menge von Funktionen aus F_8^2 (bzw. aus F_4^2) nur Funktionen aus F_8^2 (bzw. aus F_4^2) enthält.

Lemma 14. *Wenn eine abgeschlossene Menge $\mathfrak{M}$ von α-Funktionen eine nichtselbstduale Funktion, eine Funktion, die nicht 1-separierend vom Grade 2 ist und eine Funktion, die nicht 0-separierend vom Grade 2 ist, enthält, so liegen in $\mathfrak{M}$ die Funktionen et und vel.*

Beweis. Es sei f_1 eine nichtselbstduale Funktion aus $\mathfrak{M}$. Dann ist $f_1(\tilde{0}) = 0, f_1(\tilde{1}) = 1$, und es existiert ein Paar von n-Tupeln $\tilde{\alpha} = [\alpha_1, \ldots, \alpha_n]$, $\tilde{\alpha}' = [\bar{\alpha}_1, \ldots, \bar{\alpha}_n]$, so daß $f_1(\tilde{\alpha}) = f_1(\tilde{\alpha}')$. Es sei $f_1(\tilde{\alpha}) = c$. Unter Verwendung von $\tilde{\alpha}$ zerlegen wir die Menge der Variablen in zwei Klassen.

In die erste Klasse nehmen wir alle Variablen x_i auf, für die $\alpha_i = 0$, in die zweite Klasse die restlichen. Setzt man die Variablen der ersten und der zweiten Klasse jeweils gleich, so erhält man eine zweistellige Funktion g_1, wie sie in Tabelle 5 beschrieben ist.

Aus Tabelle 5 folgt, daß $g_1(x, y) = \begin{cases} x\,y, & \text{falls } c = 0, \\ x \vee y, & \text{falls } c = 1. \end{cases}$

Folglich enthält $\mathfrak{M}$ die Funktion *et* oder die Funktion *vel*. Es sei nun *vel* in $\mathfrak{M}$ enthalten. Wir zeigen, daß dann auch *et* in $\mathfrak{M}$ enthalten ist (der andere Fall ist hierzu dual). Trivial ist die Funktion *vel* aus F_4^2 und gehört nicht zu F_8^2. Wir wählen aus $\mathfrak{M}$ eine m-stellige Funktion f_2, die

Tabelle 5

x	y	$g_1(x, y)$	
0	0	$f_1(\tilde{0})$	0
0	1	$f_1(\tilde{\alpha})$	c
1	0	$f_1(\tilde{\alpha}')$	c
1	1	$f_1(\tilde{1})$	1

Tabelle 6

x	y	$g_2(x, y)$	
0	0	$f_2(\tilde{0})$	0
0	1	$f_2(\tilde{\beta})$	0
1	0	$f_2(\tilde{\gamma})$	0
1	1	$f_2(\tilde{1})$	1

nicht in F_4^2 liegt. Dann existieren m-Tupel $\tilde{\beta} = [\beta_1, \ldots, \beta_m]$ und $\tilde{\gamma} = [\gamma_1, \ldots, \gamma_m]$, so daß $\beta_i \neq 0$ oder $\gamma_i \neq 0$ für jedes i mit $1 \leqq i \leqq m$ und $f_2(\tilde{\beta}) = f_2(\tilde{\gamma}) = 0$ gilt. Ausgehend von $\tilde{\beta}$ und $\tilde{\gamma}$ zerlegen wir die Variablen in drei Klassen. In die erste Klasse nehmen wir alle Variablen auf, für die $\beta_i = 0$ und $\gamma_i = 1$; in die zweite Klasse alle Variablen, für die $\beta_i = 1$ und $\gamma_i = 0$ und in die dritte Klasse schließlich alle restlichen. Substituieren wir nun für alle Variablen der dritten Klasse die Funktion *vel* und setzen wir schließlich alle ersten Argumente von *vel* mit allen Variablen der ersten Klasse und alle zweiten Argumente von *vel* mit allen Variablen der zweiten Klasse gleich, so erhalten wir eine zweistellige Funktion g_2, wie sie in Tabelle 6 beschrieben ist.

Es ist aber $g_2 = et$. Damit ist das Lemma bewiesen.

Folgerung 1. *In jeder abgeschlossenen Menge $\mathfrak{M}$ von α-Funktionen, die eine nichtselbstduale Funktion enthält, liegt die Funktion et oder die Funktion vel.*

Folgerung 2. *In jeder abgeschlossenen Menge von α-Funktionen, die eine nichtselbstduale Funktion aus F_4^2 (bzw. aus F_8^2) enthält, liegt die Funktion vel (bzw. die Funktion et).*

Lemma 15. *Jede abgeschlossene Menge* $\mathfrak{M}$ *von* α- *oder* β-*Funktionen, in der eine Funktion liegt, die nicht* 0-*separierend vom Grade* 2 *ist, enthält die Funktion et oder die Funktion* g *mit* $g(x, y) =_{\mathrm{Df}} x \oplus y \oplus 1$.

Beweis. Es sei f eine n-stellige Funktion aus $\mathfrak{M}$ und $f \notin F_4^2$. Dann existieren n-Tupel $\tilde{\alpha} = [\alpha_1, \ldots, \alpha_n]$ und $\tilde{\beta} = [\beta_1, \ldots, \beta_n]$, so daß $\alpha_i \neq 0$ oder $\beta_i \neq 0$ für jedes i mit $1 \leqq i \leqq n$ und $f(\tilde{\alpha}) = f(\tilde{\beta}) = 0$ gilt. Ausgehend von $\tilde{\alpha}$ und $\tilde{\beta}$ zerlegen wir die Variablen in drei Klassen. In die erste Klasse nehmen wir alle Variablen auf, für die $\alpha_i = 0$ und $\beta_i = 1$ ist, in die zweite Klasse alle Variablen mit $\alpha_i = 1$ und $\beta_i = 0$ und in die dritte Klasse alle restlichen Variablen. Setzen wir die Variablen jeder Klasse jeweils gleich, so erhalten wir eine dreistellige Funktion g, wie sie in Tabelle 7 beschrieben ist.

Tabelle 7

x	y	z	$g(x, y, z)$	
0	0	1		$g(0, 0, 1)$
0	1	1	$f(\tilde{\alpha})$	0
1	0	1	$f(\tilde{\beta})$	0
1	1	1	$f(\tilde{1})$	1

Hängt g wesentlich von der dritten Variablen ab, so substituieren wir für diese Variable die Funktion k_1, die trivial in $\mathfrak{M}$ enthalten ist. Damit erhalten wir eine zweistellige Funktion g_1 mit

$$g_1(x, y) = \begin{cases} x \wedge y\,, & \text{falls } g(0, 0, 1) = 0\,, \\ x \oplus y \oplus 1\,, & \text{falls } g(0, 0, 1) = 1\,, \end{cases}$$ was zu beweisen war.

§ 2. Ein Lemma über die Beziehungen zwischen der 0- und 1-Separation vom Grade 2, der Selbstdualität und der Monotonie Boolescher Funktionen

Lemma 16. *Jede* n-*stellige* Boolesche *Funktion* f, *die zwei der folgenden Eigenschaften*

1. f *ist selbstdual,*
2. f *ist monoton,*
3. f *ist* 1-*separierend vom Grade* 2,
4. f *ist* 0-*separierend vom Grade* 2

mit Ausnahme von [2, 3] *und* [2, 4] *hat, besitzt auch die beiden anderen.*

Beweis. Die folgenden Paare von Eigenschaften sind möglich: [1, 2], [1, 3], [1, 4], [3, 4]. Zum Beweis des Lemma genügt es, die folgende Kette von Implikationen zu zeigen: Aus [1, 4] folgt [1, 3]; aus [1, 3] folgt [1, 2]; aus [1, 2] folgt [3, 4]; aus [3, 4] folgt [1, 4].

a) Es erfülle f die Bedingungen [1, 4]. Wir zeigen, daß dann auch die Eigenschaften [1, 3] auf f zutreffen. Dazu genügt es zu zeigen, daß f 1-separierend vom Grad 2 ist. Es seien $\tilde{\alpha} = [\alpha_1, \ldots, \alpha_n]$ und $\tilde{\beta} = [\beta_1, \ldots, \beta_n]$ beliebige n-Tupel mit $f(\tilde{\alpha}) = f(\tilde{\beta}) = 1$. Wegen der Selbstdualität von f gilt dann für die n-Tupel $\tilde{\alpha}' =_{\text{Df}} [\bar{\alpha}_1, \ldots, \bar{\alpha}_n]$ und $\tilde{\beta}' =_{\text{Df}} [\bar{\beta}_1, \ldots, \bar{\beta}_n]$ die Gleichung $f(\tilde{\alpha}') = f(\tilde{\beta}') = 0$. Da f aus F_4^2 ist, folgt, daß es ein i $(1 \leqq i \leqq n)$ mit $\bar{\alpha}_i = 0$ und $\bar{\beta}_i = 0$, d. h. mit $\alpha_i = 1$ und $\beta_i = 1$ gibt.

b) Es genüge f den Bedingungen [1, 3]. Wir zeigen, daß dann auch die Eigenschaften [1, 2] auf f zutreffen. Dazu genügt es zu zeigen, daß f monoton ist. Angenommen, f ist nicht monoton. Dann existiert nach Lemma 5 ein Paar benachbarter n-Tupel $\tilde{\alpha} = [\alpha_1, \ldots, \alpha_{i-1}, 0, \alpha_{i+1}, \ldots, \alpha_n]$ und $\tilde{\beta} = [\alpha_1, \ldots, \alpha_{i-1}, 1, \alpha_{i+1}, \ldots, \alpha_n]$, so daß $f(\tilde{\alpha}) > f(\tilde{\beta})$. Trivial ist dann $f(\tilde{\alpha}) = 1$ und $f(\tilde{\beta}) = 0$. Wegen der Selbstdualität von f gilt damit $f(\bar{\alpha}_1, \ldots, \bar{\alpha}_{i-1}, 0, \bar{\alpha}_{i+1}, \ldots, \bar{\alpha}_n) = 1$. Man sieht unschwer, daß die n-Tupel $\tilde{\alpha}$ und $[\bar{\alpha}_1, \ldots, \bar{\alpha}_{i-1}, 0, \bar{\alpha}_{i+1}, \ldots, \bar{\alpha}_n]$ an keiner Komponente den Wert Eins gemeinsam haben, was im Gegensatz zur Annahme steht, daß $f \in F_8^2$.

c) Es habe f die Eigenschaften [1, 2]. Wir zeigen, daß dann auch die Eigenschaften [3, 4] auf f zutreffen. Dazu genügt es zu zeigen, daß f 0-separierend vom Grade 2 ist, d. h., daß [1, 4] auf f zutrifft. Nehmen wir an, f ist nicht aus F_4^2, dann gibt es n-Tupel $\tilde{\alpha} = [\alpha_1, \ldots, \alpha_n]$ und $\tilde{\beta} = [\beta_1, \ldots, \beta_n]$, die an keiner Komponente den Wert 0 gemeinsam annehmen, und es gilt $f(\tilde{\alpha}) = f(\tilde{\beta}) = 0$. Wir betrachten das n-Tupel $\tilde{\alpha}' = [\bar{\alpha}_1, \ldots, \bar{\alpha}_n]$. Es ist unmittelbar einzusehen, daß $\tilde{\alpha}' \precsim \tilde{\beta}$. Da die Funktion f selbstdual ist, folgt $f(\tilde{\alpha}') = 1$. Das widerspricht aber der vorausgesetzten Monotonie von f.

d) Es erfülle f die Eigenschaften [3, 4]. Wir zeigen, daß dann auch die Eigenschaften [1, 4] auf f zutreffen. Dazu genügt es zu zeigen, daß f eine selbstduale Funktion ist. Es sei $\tilde{\alpha} = [\alpha_1, \ldots, \alpha_n]$ ein beliebiges n-Tupel. Dann folgt trivial, daß die Paare $\tilde{\alpha}$ und $\tilde{\alpha}' = [\bar{\alpha}_1, \ldots, \bar{\alpha}_n]$ für keine Komponente den Wert 0 oder 1 gemeinsam haben. Deshalb kann die Gleichung $f(\tilde{\alpha}) = f(\tilde{\alpha}')$ für kein $\tilde{\alpha}$ gelten. Damit ist das Lemma bewiesen.

§ 3. Die Menge C_4 und ihre Basis

Wir wollen mit C_4 die Menge aller α-Funktionen bezeichnen. Es ist leicht einzusehen, daß C_4 eine abgeschlossene Menge ist.

Lemma 17. *Jede Menge $\{et, vel, f\}$, in der f eine nichtmonotone α-Funktion ist, ist in C_4 vollständig.*

Beweis. Wir zeigen, daß aus einer derartigen Menge die Funktion g mit $g(x, y, z) =_{\mathrm{Df}} x \oplus y \oplus z$ erzeugbar ist. Wegen Lemma 5 kann man für eine nichtmonotone Funktion f benachbarte n-Tupel $\tilde{\alpha} = [\alpha_1, \ldots, \alpha_{i-1}, 0, \alpha_{i+1}, \ldots, \alpha_n]$ und $\tilde{\beta} = [\alpha_1, \ldots, \alpha_{i-1}, 1, \alpha_{i+1}, \ldots, \alpha_n]$ finden, so daß $f(\tilde{\alpha}) > f(\tilde{\beta})$. Hieraus folgt, daß $f(\tilde{\alpha}) = 1$ und $f(\tilde{\beta}) = 0$. Unter Verwendung von $\tilde{\alpha}$ und $\tilde{\beta}$ zerlegen wir die Variablen von f in drei Klassen. In die erste Klasse nehmen wir die Variable x_i auf, in die zweite Klasse diejenigen restlichen Variablen x_j, für die $\alpha_j = 0$, und in die dritte Klasse alle anderen. Setzt man die Variablen der zweiten und dritten Klasse jeweils untereinander gleich, so erhält man eine dreistellige Funktion g, wie sie in Tabelle 8 beschrieben ist.

Tabelle 8

x	y	z	$g(x, y, z)$	
0	0	0	$f(\tilde{0})$	0
0	0	1	$f(\tilde{\alpha})$	1
1	0	1	$f(\tilde{\beta})$	0
1	1	1	$f(\tilde{1})$	1

Man sieht leicht, daß $g(xy \vee xz \vee yz, xyz, x \vee y \vee z) = x \oplus y \oplus z$. Nun zeigen wir abschließend, daß jede α-Funktion aus den Funktionen *et* und g mit $g(x, y, z) =_{\mathrm{Df}} x \oplus y \oplus z$ erzeugbar ist. Dazu überlegt man sich, daß für das SHEGALKINsche Polynom jeder α-Funktion gilt: Eins kommt als additive Konstante nicht vor, und die Anzahl der Summanden ist ungerade. Damit ist das Lemma bewiesen.

Folgerung. *Die Menge $\{vel, h\}$, wobei $h(x, y, z) =_{\mathrm{Df}} x(y \oplus z \oplus 1)$, ist Basis in C_4.*

Beweis. Es ist offensichtlich, daß h eine nichtmonotone α-Funktion ist, für die $h(x, x, z) = x \wedge z$ gilt. Deshalb hat man $[\{vel, h\}] = C_4$. Ferner ist klar, daß man die nichtmonotone Funktion h nicht aus der monotonen Funktion *vel* erzeugen kann. Andererseits gilt $vel \notin F_8^2$. Also ist *vel* nicht aus h erzeugbar, denn es ist $h \in F_8^2$.

§ 4. Die Mengen C_2 und C_3 und ihre Basen

Es seien C_2 die Menge aller α- oder β-Funktionen und C_3 die Menge aller α- oder γ-Funktionen. Es ist evident, daß C_2 und C_3 abgeschlossene Mengen sind.

Lemma 18.

a) *Jede der folgenden Mengen* $\{vel, h\}$, $\{et, h\}$, $\{et, g\}$ *mit* $h(x, y) = {}_{\mathrm{Df}}\, x \oplus y \oplus 1$ *und* $g(x, y) =_{\mathrm{Df}} x \vee \overline{y}$ *ist Basis in* C_2.

b) *Jede der folgenden Mengen* $\{et, aut\}$, $\{vel, aut\}$, $\{vel, g'\}$ *mit* $g'(x, y) =_{\mathrm{Df}} x \wedge \overline{y}$ *ist Basis in* C_3.

Beweis. Wegen des Dualitätsprinzips genügt es, den Beweis für den Teil b) zu führen. Man erkennt unschwer, daß die Funktionen *et*, *aut*, *vel* und g' zu C_3 gehören. Wir zeigen zuerst, daß die Menge $\{et, aut\}$ vollständig in C_3 ist. Es sei f eine n-stellige Funktion aus C_3, d. h., f sei α- oder γ-Funktion. Entwickelt man diese Funktion in ein SHEGALKINsches Polynom, so kommt in diesem Polynom zufolge von Satz 6 die additive Konstante Eins nicht vor. Trivial ist diese Funktion f also aus *et* und *aut* erzeugbar. Die Vollständigkeit der Mengen $\{vel, aut\}$ und $\{vel, g'\}$ in C_3 folgt aus der Vollständigkeit von $\{et, aut\}$ in C_3, wenn man die Beziehungen $x \cdot y = (x \vee y) \oplus x \oplus y$ und $x \oplus y = x \cdot \overline{y} \vee \overline{x} \cdot y$ beachtet. Um den Beweis abzuschließen, genügt es noch zu zeigen, daß keine der drei genannten Mengen eine echte Teilmenge besitzt, die in C_3 vollständig ist. Jede der Mengen $\{et\}$, $\{vel\}$, $\{aut\}$, $\{g'\}$ ist aber unvollständig in C_3. Man kann nämlich weder aus der Funktion *et* noch aus der Funktion *vel* die Funktion *aut* oder g' erzeugen, da *vel* und *et* monotone Funktionen und *aut* sowie g' nichtmonotone Funktionen sind. Zum anderen kann man aus *aut* nicht die Funktion *et* oder *vel* erzeugen, da *aut* eine lineare Funktion ist, *et* und *vel* dagegen nichtlineare Funktionen sind. Schließlich gelingt es nicht, aus g' die Funktion *vel* zu erzeugen, da g' 1-separierend vom Grade 2 ist, die Funktion *vel* jedoch nicht. Damit ist das Lemma bewiesen.

Lemma 19. *Jede abgeschlossene Menge* $\mathfrak{M}$ *von* α- *oder* β-*Funktionen, die*

a) *eine nichtlineare Funktion,*

b) *eine Funktion, die nicht* 0-*separierend vom Grade* 2 *ist, und*

c) *eine nichtmonotone Funktion*

enthält, fällt mit C_2 *zusammen.*

Beweis. Es ist offensichtlich, daß $\mathfrak{M} \subseteq C_2$. Zum Beweis von $C_2 \subseteq \mathfrak{M}$ genügt es zu zeigen, daß die Funktionen *et* und h mit $h(x, y) =_{\mathrm{Df}} x \oplus y \oplus 1$

zu $\mathfrak{M}$ gehören. Wendet man darauf nämlich Lemma 18 an, so folgt bereits die Behauptung. Nun enthält $\mathfrak{M}$ aber wegen Lemma 15 bereits die Funktion *et* oder *h*. Daher betrachten wir zwei Fälle:

1. $\mathfrak{M}$ enthält die Funktion *et*. Nach Voraussetzung sind in $\mathfrak{M}$ die Funktion k_1 und eine nichtmonotone Funktion f_1^n enthalten. Zufolge Lemma 5 existiert ein Paar benachbarter n-Tupel $\tilde{\alpha}$ und $\tilde{\beta}$ mit $\tilde{\alpha} = [\alpha_1, \ldots, \alpha_{i-1}, 0, \alpha_{i+1}, \ldots, \alpha_n]$, $\tilde{\beta} = [\alpha_1, \ldots, \alpha_{i-1}, 1, \alpha_{i+1}, \ldots, \alpha_n]$, so daß $f_1(\tilde{\alpha}) > f_1(\tilde{\beta})$. Unter Verwendung von $\tilde{\alpha}$ und $\tilde{\beta}$ zerlegen wir die Variablen von f_1 in drei Klassen. In die erste Klasse nehmen wir die Variable x_i auf, in die zweite alle restlichen Variablen x_j, für die $\alpha_j = 0$, und in die dritte Klasse schließlich aller übrigen Variablen. Es ist klar, daß die erste Klasse nicht leer ist. Da $f_1(\tilde{\beta}) = 0$ gilt und weil f_1 eine α- oder β-Funktion ist, folgt $\beta \neq [1, 1, \ldots, 1]$. Damit hat man gezeigt, daß die zweite Klasse nicht leer ist. Setzt man die Variablen jeder Klasse jeweils gleich und substituiert für die Variablen der dritten Klasse die Funktion k_1, so erhält man eine zweistellige Funktion g_1, wie in Tabelle 9 beschrieben.

Tabelle 9

x	y	$g_1(x, y)$	
0	0	$f_1(\tilde{\alpha})$	1
0	1		$g_1(0, 1)$
1	0	$f_1(\tilde{\beta})$	0
1	1	$f_1(\tilde{1})$	1

Also ist

$$g_1(x, y) = \begin{cases} x \oplus y \oplus 1\,, & \text{falls } g_1(0, 1) = 0; \\ \bar{x} \vee y\,, & \text{falls } g_1(0, 1) = 1. \end{cases}$$

Da $h(x, y) = x \oplus y \oplus 1 = (x \vee \bar{y}) \cdot (\bar{x} \vee y)$, kann man aus *et* und g_1 stets die Funktion h erzeugen. Damit ist gezeigt, daß $\mathfrak{M}$ die Funktion h enthält, wenn *et* in $\mathfrak{M}$ liegt.

2. Es sei h ein Element von $\mathfrak{M}$. Nach Voraussetzung unseres Lemma enthält $\mathfrak{M}$ wenigstens eine nichtlineare Funktion. Wendet man die Folgerung aus Lemma 12 an, so kann man voraussetzen, daß dies eine zweistellige Funktion f_2^2 ist. Da f_2 eine α- oder β-Funktion ist, gilt einer der Fälle $f_2(x, y) = x \cdot y$, $f_2(x, y) = x \vee y$, $f_2(x, y) = \bar{x} \vee y$, $f_2(x, y) = x \vee \bar{y}$.

Ferner hat man, wie man leicht prüft, die folgenden Beziehungen: $(x \vee y) \oplus (x \oplus y \oplus 1) \oplus 1 = x \cdot y$, $(\bar{x} \vee y) \oplus x \oplus 1 = x \cdot y$, $(x \vee \bar{y}) \oplus y \oplus \oplus 1 = x \cdot y$. Also kann in jedem Falle aus den Funktionen f_2 und h die Funktion *et* erzeugt werden. Damit ist das Lemma bewiesen.

§ 5. Die selbstdualen α-Funktionen

Es bezeichne L_4 die Menge aller derjenigen linearen Funktionen mit der additiven Konstanten 0, die von einer ungeraden Zahl von Variablen wesentlich abhängen. Es ist klar, daß L_4 abgeschlossen ist. Ferner gilt $[\{h\}] = L_4$, falls $h(x, y, z) =_{\mathrm{Df}} x \oplus y \oplus z$. Wir bemerken, daß L_4 die Menge aller linearen selbstdualen α-Funktionen ist.

Es bezeichne D_1 die Menge aller selbstdualen α-Funktionen. Es ist evident, daß D_1 abgeschlossen ist.

Lemma 20. *Jede abgeschlossene Menge $\mathfrak{M}$ von selbstdualen α-Funktionen, die eine nichtmonotone Funktion enthält, fällt entweder mit L_4 oder mit D_1 zusammen.*

Beweis. Es sei f eine nichtmonotone n-stellige Funktion aus $\mathfrak{M}$. Wegen Lemma 5 existiert ein Paar $\tilde{\alpha}$, $\tilde{\beta}$ von benachbarten n-Tupeln $\tilde{\alpha} = [\alpha_1, \ldots, \alpha_{i-1}\, 0, \alpha_{i+1}, \ldots, \alpha_n]$, $\tilde{\beta} = [\alpha_1, \ldots, \alpha_{i-1}, 1, \alpha_{i+1}, \ldots, \alpha_n]$, so daß $f(\tilde{\alpha}) > f(\tilde{\beta})$. Unter Verwendung dieser n-Tupel zerlegen wir die Menge der Variablen von f in drei Klassen. In die erste Klasse nehmen wir x_i auf; in die zweite alle die restlichen Variablen x_j, für die $\alpha_j = 0$, und in die dritte Klasse schließlich alle übrigen. Man sieht leicht ein, daß keine dieser Klassen leer ist. Setzt man die Variablen jeder Klasse jeweils gleich und konstruiert eine neue Funktion, indem man die erhaltenen Variablen wie folgt permutiert:

Stelle der neuen Funktion	Variable aus der Klasse
1.	2
2.	3
3.	1,

so erhält man eine dreistellige selbstduale nichtmonotone α-Funktion g, wie sie in Tabelle 10 beschrieben ist.

Aus dieser Tabelle ist ersichtlich, daß

$$g(x, y, z) = \begin{cases} \bar{x}\, y\, \bar{z} \vee x\, \bar{y}\, \bar{z} \vee x\, y\, \bar{z} \vee x\, y\, z\,, & \text{falls } g(0, 0, 1) = 0\,, \\ \bar{x}\, \bar{y}\, z \vee \bar{x}\, y\, \bar{z} \vee x\, \bar{y}\, \bar{z} \vee x\, y\, z\,, & \text{falls } g(0, 0, 1) = 1\,. \end{cases}$$

Tabelle 10

x	y	z	$g(x, y, z)$	
0	0	0	$f(\tilde{0})$	0
0	0	1		$g(0, 0, 1)$
0	1	0	$f(\tilde{\alpha})$	1
0	1	1	$f(\tilde{\beta})$	0
1	0	0	$\bar{f}(\tilde{\beta})$	1
1	0	1	$\bar{f}(\tilde{\alpha})$	0
1	1	0		$\bar{g}(0, 0, 1)$
1	1	1	$f(\tilde{1})$	1

Damit zerfällt der weitere Beweis in zwei Teile:

1. $g(x, y, z) = \bar{x}\, y\, \bar{z} \vee x\, \bar{y}\, \bar{z} \vee x\, y\, \bar{z} \vee x\, y\, z = x\, y \vee x\, \bar{z} \vee y\, \bar{z}$. Es sei φ eine beliebige n-stellige selbstduale α-Funktion. Dann ist φ vollständig durch ihre x_1-Komponente beschrieben, wobei diese x_1-Komponente trivial eine α- oder β-Funktion ist, d. h., es gilt $\varphi^{x_1} \in C_2$. Da $g(x, y, z) = x\,(y \vee \bar{z}) \vee \bar{x}\,(y \cdot \bar{z})$ und $g(z, y, x) = x\,(y \cdot z) \vee \bar{x}\,(y \vee z)$, folgt für die x-Komponenten der Funktionen g und h mit $h(x, y, z) =_{\mathrm{Df}} g(z, y, x)$: $g^x(y, z) = y \vee \bar{z}$, $h^x(y, z) = y \cdot z$. Zufolge Satz 2 und Lemma 18 liefern alle Substitutionen der Funktionen g und h, von denen die Variable x unberührt bleibt, stets Funktionen, deren x-Komponente aus C_2 ist. Das heißt aber $\mathfrak{M} = D_1$.

2. $g(x, y, z) = \bar{x}\, \bar{y}\, z \vee \bar{x}\, y\, \bar{z} \vee x\, \bar{y}\, \bar{z} \vee x\, y\, z = x \oplus y \oplus z$. In diesem Falle gilt $L_4 \subseteq \mathfrak{M}$. Deshalb ist entweder $L_4 = \mathfrak{M}$ oder es enthält $\mathfrak{M}$ eine nichtlineare Funktion f'. Wir zeigen, daß im letzten Falle $\mathfrak{M} = D_1$. Mit Hilfe von Lemma 12 kann man aus der (nach Voraussetzung) selbstdualen Funktion f' eine dreistellige Funktion g' konstruieren, die von allen drei Variablen wesentlich abhängt und deren x_1-Komponente g'^{x_1} eine nichtlineare Funktion ist. Andererseits gilt für die x-Komponente der Funktion g die Beziehung $g^x(y, z) = y \oplus z \oplus 1$. Wegen Satz 2 und Lemma 19 liefert jede Substitution der Funktionen g und g', die die Variable x unberührt läßt, wieder eine Funktion, deren x-Komponente in C_2 liegt. Also gilt $\mathfrak{M} = D_1$. Damit ist das Lemma bewiesen.

Folgerung 1. *Die Menge* $\{f\}$ *mit* $f(x, y, z) =_{\mathrm{Df}} x\, y \vee x\, \bar{z} \vee y\, \bar{z}$ *ist Basis von* D_1.

Da es keine selbstdualen zweistelligen Funktionen gibt, die von allen Variablen wesentlich abhängen, hat man mit Folgerung 1:

Folgerung 2. *Die Ordnung von* D_1 *ist gleich* 3.

Kapitel IV

Einige spezielle abgeschlossene Mengen

§ 1. Die 0- und 1-Separation vom Grade μ und die 0- und 1-Separation Booleescher Funktionen

Definition. *Eine n-stellige* Boolesche *Funktion f heißt genau dann 0-separierend vom Grade μ (bzw. 1-separierend vom Grade μ), $\mu \geqq 2$, wenn jede μ-elementige Teilmenge aus $f^{-1}(0)$ (bzw. aus $f^{-1}(1)$) 0-separabel (bzw. 1-separabel) ist.*

Das heißt, f ist genau dann 0-separierend vom Grade μ (bzw. 1-separierend vom Grade μ), wenn jede μ-elementige Teilmenge von n-Tupeln, auf denen f den Wert 0 (bzw. 1) annimmt, eine gemeinsame i-te Komponente vom Wert 0 (bzw. 1) hat.

Beispiel. Man überprüft leicht, daß die Funktion h_μ mit $h_\mu(x_1, \ldots, x_{\mu+1}) =_{\mathrm{Df}} \bigvee_{i=1}^{\mu+1} x_1 \ldots x_{i-1}\, x_{i+1} \ldots x_{\mu+1}$, $\mu \geqq 2$, 1-separierend vom Grade μ ist.

Definition. *Eine n-stellige* Boolesche *Funktion f heißt genau dann (schlechthin) 0-separierend (bzw. 1-separierend), wenn die Menge $f^{-1}(0)$ (bzw. $f^{-1}(1)$) 0-separabel (bzw. 1-separabel) ist.*

Das heißt, f ist genau dann (schlechthin) 0-separierend (bzw. 1-separierend), wenn alle n-Tupel, auf denen f den Wert 0 (bzw. 1) annimmt, eine gemeinsame i-te Komponente vom Wert 0 (bzw. 1) haben.

Beispiel. Die Funktion f mit $f(x_1, \ldots, x_n) =_{\mathrm{Df}} x_1 \cdot f_1(x_2, \ldots, x_n)$ ist 1-separierend.

Es bezeichnen F_4^μ die Menge der Funktionen, die 0-separierend vom Grade μ sind; F_8^μ die Menge der Funktionen, die 1-separierend, vom Grade μ sind; F_4^∞ die Menge der (schlechthin) 0-separierenden Funktionen und F_8^∞ die Menge der (schlechthin) 1-separierenden Funktionen.

Bemerkung. Es ist evident, daß für jedes μ_1, μ_2 mit $2 \leqq \mu_2 \leqq \mu_1$ die Beziehung $F_8^{\mu_1} \subseteq F_8^{\mu_2}$ gilt. Insbesondere hat man $F_8^\infty \subseteq F_8^\mu$ für jedes μ mit $\mu \geqq 2$. Analog gilt $F_4^{\mu_1} \subseteq F_4^{\mu_2}$ für jedes μ_1, μ_2 mit $2 \leqq \mu_2 \leqq \mu_1$ und $F_4^\infty \subseteq F_4^\mu$ für jedes $\mu \geqq 2$.

Wir vereinbaren, daß $k_0 \in F_8^\infty$ und $k_0 \notin F_4^2$. Hieraus folgt sofort, daß $k_0 \notin F_4^\mu$ für beliebiges μ und $k_0 \notin F_4^\infty$. Ferner sei vereinbart, daß $k_1 \in F_4^\infty$ und $k_1 \notin F_8^\mu$ ($\mu \geqq 2$), $k_1 \notin F_8^\infty$.

Bemerkung 1. Es ist evident, daß jede Funktion f aus F_8^μ oder F_8^∞ an der Stelle $[0, \ldots, 0]$ den Wert 0 hat. Das heißt, f ist entweder α- oder γ-Funktion. Analog ist jede Funktion aus F_4^μ oder F_4^∞ entweder α- oder β-Funktion.

Bemerkung 2. Man überprüft leicht, daß der Abschluß jeder Teilmenge $\mathfrak{M}$ von F_8^μ (bzw. von F_8^∞, F_4^μ, F_4^∞) wieder in F_8^μ (bzw. in F_8^∞, F_4^μ, F_4^∞) liegt.

Lemma 21. *Es sei f eine n-stellige Funktion, die 1-separierend vom Grade μ ist. Dann haben für $m \leqq \mu$ je m Fundamentalkonjunktionen der* GANF *von f einen Faktor gemeinsam.*

Beweis. Falls $f = k_0$, so ist nichts zu beweisen. Es sei also $f \neq k_0$. Ferner seien $\mathfrak{P}_1, \ldots, \mathfrak{P}_m$ $(m \leqq \mu)$ Fundamentalkonjunktionen der GANF von f. Jedem $\mathfrak{P}_i$ $(1 \leqq i \leqq m)$ ordnen wir ein n-Tupel $\tilde{\alpha}_i =_{\mathrm{Df}} [\alpha_{i_1}, \ldots, \alpha_{i_n}]$ zu, wobei

$$\alpha_{i,j} =_{\mathrm{Df}} \begin{cases} 1, & \text{falls } x_j \text{ Faktor von } \mathfrak{P}_i \\ 0, & \text{sonst} \end{cases}; \qquad j = 1, 2, \ldots, n.$$

Es ist evident, daß $f(\tilde{\alpha}_1) = f(\tilde{\alpha}_2) = \cdots = f(\tilde{\alpha}_m) = 1$. Da $f \in F_8^\mu$ und $m \leqq \mu$, müssen diese n-Tupel eine Komponente mit dem Wert 1 haben, die allen n-Tupeln gemeinsam ist. Hieraus und aus der Definition der $\tilde{\alpha}_i$ $(i = 1, \ldots, m)$ folgt, daß die Fundamentalkonjunktionen $\mathfrak{P}_1, \ldots, \mathfrak{P}_m$ einen Faktor gemeinsam haben.

Folgerung. *Zu jeder 1-separierenden Funktion f^n existiert ein k, so daß für jedes $\tilde{x} =_{\mathrm{Df}} [x_1, \ldots, x_k, \ldots, x_n]$ gilt $f(\tilde{x}) = x_k \cdot f(x_1, \ldots, x_{k-1}, 1, x_{k+1}, \ldots, x_n)$.*

Lemma 22. Für jede n-stellige Funktion f gilt: Wenn $f \in F_8^\mu \setminus F_8^{\mu+1}$, so ist $n > \mu$.

Beweis. Da $f \notin F_8^{\mu+1}$, existieren n-Tupel $\tilde{\alpha}_1 = [\alpha_{1,1}, \ldots, \alpha_{1,n}], \ldots, \tilde{\alpha}_{\mu+1} = [\alpha_{\mu+1,1}, \ldots, \alpha_{\mu+1,n}]$, für die f den Wert 1 annimmt, ohne daß in diesen Tupeln eine gemeinsame Komponente mit dem Wert 1 vorkommt. Wir untersuchen die Matrix

$$\begin{pmatrix} \alpha_{1,1} & \cdots & \alpha_{1,n} \\ \vdots & & \vdots \\ \alpha_{\mu+1,1} & \cdots & \alpha_{\mu+1,n} \end{pmatrix}.$$

Zunächst ist es klar, daß diese Matrix keine Spalte enthält, die nur aus Einsen besteht. Wir zeigen, daß es zu jedem i $(1 \leqq i \leqq \mu + 1)$ eine Spalte der Matrix gibt, die höchstens eine Null, und zwar in der i-ten

Zeile, enthält. Dazu betrachten wir die n-Tupel $\tilde{\alpha}_1, \ldots, \tilde{\alpha}_{i-1}, \tilde{\alpha}_{i+1}, \ldots, \tilde{\alpha}_{\mu+1}$. Da $f \in F_8^\mu$ gilt, folgt die Existenz einer gemeinsamen Komponente dieser Tupel mit dem Wert 1. Es sei dies die j-te Komponente. Dann hat die j-te Spalte unserer Matrix die behaupteten Eigenschaften. Also gibt es in dieser Matrix mindestens $\mu + 1$ verschiedene Spalten, d. h., es ist $n \geqq \mu + 1$. Damit ist das Lemma bewiesen.

Folgerung. *Für jede n-stellige Funktion f gilt: Wenn $f \in F_8^\mu$ und $n \leqq \mu$, so ist $f \in F_8^\infty$.*

Unter Verwendung des Dualitätsprinzipes beweist man analoge Aussagen für die Mengen F_4^μ und F_4^∞.

§ 2. Die Menge F_5^∞ und ihre Basis. Ein Lemma über $\langle\alpha\rangle$-Mengen, die F_5^∞ enthalten

Es bezeichne F_5^∞ die Menge aller 1-separierenden α-Funktionen, d. h., $F_5 = C_4 \cap F_8^\infty$. Trivial ist F_5^∞ eine abgeschlossene Menge.

Lemma 23. *Die Menge $\{g\}$ mit $g(x, y, z) =_{\mathrm{Df}} x\,(y \vee \bar{z})$ ist Basis von F_5^∞.*

Beweis. Es ist klar, daß $g \in F_5^\infty$. Wir zeigen, daß jede Funktion f aus F_5^∞ aus g erzeugbar ist. Wegen Lemma 21 haben wir ein k, so daß $f(x_1, \ldots, x_n) = x_k \cdot f(x_1, \ldots, x_{k-1}, 1, x_{k+1}, \ldots, x_n)$. Da $f \in C_4$, ist die x_k-Komponente f^{x_k} eine α- oder β-Funktion, d. h., $f^{x_k} \in C_2$. Nach Lemma 18 ist die Menge $\{et, h\}$ mit $h(x, y) =_{\mathrm{Df}} x \vee \bar{y}$ eine Basis von C_2. Also kann wegen Satz 2 die Funktion f aus den Funktionen g_1 und g_2 mit $g_1(x, y, z) =_{\mathrm{Df}} x \cdot y \cdot z$, $g_2(x, y, z) =_{\mathrm{Df}} x \cdot (y \vee \bar{z})$ erzeugt werden. Zum Beweis unseres Lemma genügt es also zu zeigen, daß g_1 und g_2 aus g erzeugbar sind. Trivial gilt aber $x \cdot y = x \cdot (y \vee \bar{x})$. Damit ist das Lemma bewiesen.

Lemma 24. *Für jede abgeschlossene $\langle\alpha\rangle$-Menge $\mathfrak{M}$ aus F_8^2, die eine nichtmonotone Funktion enthält, gilt $F_5^\infty \subseteq \mathfrak{M}$.*

Beweis. Es sei f eine nichtmonotone n-stellige Funktion aus $\mathfrak{M}$. Wegen Lemma 5 existieren benachbarte n-Tupel $\tilde{\alpha} = [\alpha_1, \ldots, \alpha_{i-1}, 0, \alpha_{i+1}, \ldots, \alpha_n]$, $\tilde{\beta} = [\alpha_1, \ldots, \alpha_{i-1}, 1, \alpha_{i+1}, \ldots, \alpha_n]$, so daß $f(\tilde{\alpha}) > f(\tilde{\beta})$. Da f eine α-Funktion ist, ist das n-Tupel $\tilde{\alpha}$ bzw. $\tilde{\beta}$ verschieden von $[0, \ldots, 0]$ bzw. $[1, \ldots, 1]$. Unter Verwendung von $\tilde{\alpha}$ und $\tilde{\beta}$ zerlegen wir die Variablen von f in drei Klassen. In die erste nehmen wir die Variable x_i auf, in die zweite alle restlichen Variablen x_j, für die $\alpha_j = 0$, und in die dritte Klasse alle übrigen Variablen. Setzen wir die Variablen jeder Klasse jeweils gleich, so erhalten wir die dreistellige Funktion g, die in Tabelle 11 beschrieben ist.

Tabelle 11

x	y	z	$g(x, y, z)$	
0	0	0	$f(\tilde{0})$	0
0	0	1	$f(\tilde{\alpha})$	1
0	1	0		$g(0, 1, 0)$
0	1	1		$g(0, 1, 1)$
1	0	0		$g(1, 0, 0)$
1	0	1	$f(\tilde{\beta})$	0
1	1	0		$g(1, 1, 0)$
1	1	1	$f(\tilde{1})$	1

Man erkennt leicht, daß $g \in F_8^2$. Da jedes der Tripel $[0, 1, 0]$, $[1, 0, 0]$ und $[1, 1, 0]$ keine gemeinsame Komponente vom Wert 1 mit dem Tripel $[0, 0, 1]$ hat, andererseits aber $g(0, 0, 1) = 1$ gilt, hat man $g(0, 1, 0) = g(1, 0, 0) = g(1, 1, 0) = 0$. In Abhängigkeit vom Wert der Funktion g an der Stelle $[0, 1, 1]$ sind zwei Fälle möglich:

$$g(x, y, z) = \begin{cases} \bar{x}\,\bar{y}\,z \vee x\,y\,z\,, & \text{falls } g(0, 1, 1) = 0\,; \\ \bar{x}\,\bar{y}\,z \vee \bar{x}\,y\,z \vee x\,y\,z\,, & \text{falls } g(0, 1, 1) = 1\,. \end{cases}$$

Es sei $g(x, y, z) = \bar{x}\,\bar{y}\,z \vee \bar{x}\,y\,z \vee x\,y\,z$. Man erkennt leicht, daß $g(x, y, z) = (\bar{x} \vee y) \cdot z$. Zusammen mit Lemma 23 folgt, daß g Basis von F_5^∞ ist. Im Falle $g(x, y, z) = \bar{x}\,\bar{y}\,z \vee x\,y\,z$ findet man $g(x, y, x) = x\,y$, $g(g(x, y, x), y, z) = (x \vee \bar{y}) \cdot z$. Das heißt, wegen Lemma 23, g ist Basis von F_5^∞. Damit ist das Lemma bewiesen.

§ 3. Die Menge F_8^∞ und ihre Basis. Ein Lemma über $\langle\alpha, \gamma\rangle$-Mengen, die F_8^∞ enthalten

Die Menge F_8^∞ wurde bereits definiert. Es ist F_8^∞ eine $\langle\alpha, \gamma\rangle$-Menge.

Lemma 25. *Die Menge $\{g\}$ mit $g(x, y) =_{\mathrm{Df}} x\,\bar{y}$ ist Basis von F_8^∞.*

Beweis. Es ist klar, daß $g \in F_8^\infty$. Wir zeigen, daß jede n-stellige Funktion f mit $f \in F_8^\infty$ aus g erzeugbar ist. Wegen unserer Folgerung aus Lemma 21 existiert ein k, so daß $f(x_1, \ldots, x_n) = x_k \cdot f(x_1, \ldots, x_{k-1}, 1, \ldots, x_n)$. Die x_k-Komponente von f ist nach Folgerung 1 von Satz 3 aus der Menge $\{et, non\}$ erzeugbar. Folglich ist nach Satz 2 die Funktion f aus der Menge $\{g_1, g_2\}$ mit $g_1(x, y, z) =_{\mathrm{Df}} x \cdot (y \cdot z)$ und $g_2(x, y) =_{\mathrm{Df}} x \cdot \bar{y}$ erzeugbar. Zum Beweis des Lemma genügt es zu zeigen, daß g_1 und g_2 aus g erzeugbar sind. Wegen $x \cdot y = x \cdot (\overline{\bar{y} \cdot x})$ ist dies aber in der Tat möglich. Damit ist das Lemma bewiesen.

Lemma 26. *Für jede abgeschlossene $\langle\alpha, \gamma\rangle$-Menge $\mathfrak{M}$ aus F_8^2, die eine nichtmonotone Funktion enthält, gilt $F_8^\infty \subseteq \mathfrak{M}$.*

Beweis. Es sei f eine nichtmonotone n-stellige Funktion aus F_8^2. Wir zeigen, daß man aus f die Funktion g mit $g(x, y) =_{\mathrm{Df}} x \cdot \bar{y}$ erzeugen kann. Es sind zwei Fälle möglich:

1. f ist eine α-Funktion. Dann gilt wegen Lemma 24 die Beziehung $F_5^\infty \subseteq \mathfrak{M}$. Folglich liegt die Funktion h mit $h(x, y, z) =_{\mathrm{Df}} x \cdot (y \vee \bar{z})$ in $\mathfrak{M}$. Da $\mathfrak{M}$ eine $\langle\alpha, \gamma\rangle$-Menge ist, hat man $k_0 \in \mathfrak{M}$. Substituiert man k_0 an der zweiten Stelle von h, so erhält man die Funktion h_1 mit $h_1(x, z) = x\,\bar{z}$, d. h. eine Basis von F_8^∞ (siehe Lemma 25).

2. f ist eine γ-Funktion. Da f eine nichtmonotone γ-Funktion ist, existiert ein n-Tupel $\tilde{\alpha} = [\alpha_1, \ldots, \alpha_n]$ mit $\tilde{\alpha} \neq [0, \ldots, 0]$ und $\tilde{\alpha} \neq [1, \ldots, 1]$, so daß $f(\tilde{\alpha}) = 1$. Weil ferner $f \in F_8^2$, so gilt für $\tilde{\beta} =_{\mathrm{Df}} [\bar{\alpha}_1, \ldots, \bar{\alpha}_n]$ die Beziehung $f(\tilde{\beta}) = 0$. Unter Verwendung von $\tilde{\alpha}$ zerlegen wir die Variablen von f in zwei Klassen. In die erste Klasse nehmen wir die Variablen x_i auf, für die $\alpha_i = 0$, in die zweite Klasse alle restlichen Variablen. Setzt man die Variablen jeder Klasse jeweils gleich und wendet man die von der Einheitspermutation verschiedene Permutation der Menge $\{1, 2\}$ an, so erhält man die in Tabelle 12 beschriebene zweistellige Funktion g.

Tabelle 12

x	y	$g(x, y)$	
0	0	$f(\tilde{0})$	0
0	1	$f(\tilde{\beta})$	0
1	0	$f(\tilde{\alpha})$	1
1	1	$f(\tilde{1})$	0

Es gilt aber $g(x, y) = x\,\bar{y}$. Also ist aus f die Menge F_8^∞ erzeugbar (siehe Lemma 25). Damit ist das Lemma bewiesen.

§ 4. Die Mengen F_6^∞, F_7^∞ und ihre Basen. Ein Lemma über $\langle\alpha\rangle$-Mengen, die F_6^∞ enthalten. Ein Lemma über $\langle\alpha, \gamma\rangle$-Mengen, die F_7^∞ enthalten

Es sei F_6^∞ die Menge aller monotonen 1-separierenden α-Funktionen. Wegen $F_6^\infty =_{\mathrm{Df}} A_4 \cap F_8^\infty$ ist F_6^∞ eine abgeschlossene Menge.

Lemma 27. *Die Menge $\{g\}$ mit $g(x, y, z) =_{\mathrm{Df}} x \cdot (y \vee z)$ ist* Basis von F_6^∞.

Beweis. Trivial gilt $g \in F_6^\infty$. Wir zeigen, daß jede n-stellige Funktion f aus F_6^∞ durch g erzeugt werden kann. Wegen Lemma 21 existiert eine Stelle k $(1 \leqq k \leqq n)$, so daß $f(x_1, \ldots, x_n) = x_k \cdot f(x_1, \ldots, x_{k-1}, 1, x_{k+1}, \ldots, x_n)$. Da f eine monotone α-Funktion ist, gehört die x_k-Komponente von f zur Menge der monotonen α- oder β-Funktionen. Aus Lemma 6 folgt unschwer, daß aus $\{et, vel, k_1\}$ alle diese Funktionen erzeugbar sind. Also ist nach Satz 2 die Funktion f aus $\{g_1, g_2\}$ mit $g_1(x, y, z) = =_{\mathrm{Df}}\, x \cdot (y \cdot z)$, $g_2(x, y, z) =_{\mathrm{Df}}\, x \cdot (y \vee z)$ erzeugbar. Zum Beweis unseres Lemma genügt es noch zu zeigen, daß g_1 aus g_2 erzeugbar ist. Wegen $x \cdot y = x\,(y \vee y)$ ist dies aber in der Tat möglich. Damit ist das Lemma bewiesen.

Lemma 28. *Es sei $\mathfrak{M}$ eine abgeschlossene $\langle\alpha\rangle$-Menge von monotonen Funktionen, die 1-separierend vom Grade 2 sind. Ferner bestehe $\mathfrak{M}$ nicht nur aus selbstdualen Funktionen oder aus Funktionen von $[\{et\}]$ (d. h., $\mathfrak{M} \not\subseteq D_3$ und $\mathfrak{M} \not\subseteq [\{et\}]$). Dann gilt $F_6^\infty \subseteq \mathfrak{M}$.*

Beweis. Wegen Folgerung 2 aus Lemma 14 ist $et \in \mathfrak{M}$. Da ferner $\mathfrak{M} \not\subseteq [\{et\}]$ gilt, existiert in $\mathfrak{M}$ eine Funktion f, deren GANF aus mindestens zwei Fundamentalkonjunktionen besteht. Es seien dies $\mathfrak{P}_1$ und $\mathfrak{P}_2$. Wir wählen eine Darstellung von $\mathfrak{P}_1$ und $\mathfrak{P}_2$ der Form $\mathfrak{P}_1 = \mathfrak{C} \cdot \mathfrak{B}_1$, $\mathfrak{P}_2 = \mathfrak{C} \cdot \mathfrak{B}_2$, wobei $\mathfrak{B}_1$ und $\mathfrak{B}_2$ keine gemeinsamen Faktoren haben. Da $\mathfrak{P}_1$ und $\mathfrak{P}_2$ Fundamentalkonjunktionen einer GANF sind, bestehen $\mathfrak{B}_1$ und $\mathfrak{B}_2$ aus je mindestens einer Variablen. Andererseits ist f eine Funktion, die 1-separierend vom Grade 2 ist. Mit Lemma 21 folgt daher, daß $\mathfrak{C}$ ebenso aus mindestens einer Variablen besteht. Wir setzen nun die Variablen aus $\mathfrak{C}$, $\mathfrak{B}_1$ sowie die restlichen jeweils gleich und erhalten auf diese Weise entweder die dreistellige Funktion g_1 oder die Funktion g_2, wobei $g_1(x, y, z) = x\,y \vee x\,z$, $g_2(x, y, z) =_{\mathrm{Df}}\, x\,y \vee x\,z \vee y\,z$. Die Richtigkeit der letzten Behauptung folgt daraus, daß die GANF einer monotonen Funktion zufolge Lemma 6 keine negierten Variablen enthält. Ferner kommt in jeder Fundamentalkonjunktion der GANF von f mit $f \in F_8^2$ eine Variable vor, die auch in $\mathfrak{P}_1$ enthalten, sowie eine, die nicht in $\mathfrak{P}_1$ enthalten ist. Folglich hat nach der Gleichsetzung der Variablen jede derartige Fundamentalkonjunktion entweder die Form $x\,y\,z$ oder $x\,z$ oder $y\,z$, wenn $\mathfrak{P}_1$ nach der Gleichsetzung der Variablen die Form $x\,y$ hat. Der Beweis des Lemma ist wegen Lemma 27 abgeschlossen, wenn wir zeigen können, daß die Funktionen et und g_2 aus g mit $g(x, y, z) = x(y \vee z)$ erzeugbar sind. Wegen $x\,y \vee x\,z = x\,y \vee x\,(x \cdot z) \vee y\,(x \cdot z)$ ist dies aber trivial möglich. Damit ist das Lemma bewiesen.

Es bezeichne F_7^∞ die Menge aller monotonen 1-separierenden Funktionen. Wegen $F_7^\infty = A_1 \cap F_8^\infty$ ist F_7^∞ eine abgeschlossene Menge.

Lemma 29. *Die Menge* $\{k_0, g\}$ *mit* $g(x,y,z) =_{\mathrm{Df}} x(y \vee z)$ *ist Basis von* F_7^∞.

Beweis. Jede 1-separierende Funktion ist entweder α- oder γ-Funktion. Es ist evident, daß alle und nur die Funktionen aus $\langle\langle k_0 \rangle\rangle$ monotone γ-Funktionen sind. Daher gilt $F_7^\infty = F_6^\infty \cup \langle\langle k_0 \rangle\rangle$. Wegen Lemma 27 ist nichts mehr zu beweisen.

Lemma 30. *Es sei* $\mathfrak{M}$ *eine abgeschlossene* $\langle \alpha, \gamma \rangle$-*Menge monotoner Funktionen, die* 1-*separierend vom Grade* 2 *sind. Ferner enthalte* $\mathfrak{M}$ *eine Funktion* f *mit* $f \notin \langle\langle k_0 \rangle\rangle$ *und* $f \notin [\{et\}]$. *Dann gilt* $F_7^\infty \subseteq \mathfrak{M}$.

Beweis. Da alle und nur die Funktionen aus $\langle\langle k_0 \rangle\rangle$ monotone γ-Funktionen sind, hat man $\mathfrak{M} = \mathfrak{N} \cup \langle\langle k_0 \rangle\rangle$, wobei $\mathfrak{N}$ eine abgeschlossene $\langle \alpha \rangle$-Menge von monotonen Funktionen ist, die 1-separierend vom Grade 2 sind, und eine Funktion enthält, die nicht in $[\{et\}]$ liegt. Wir zeigen, daß in $\mathfrak{N}$ eine nichtselbstduale Funktion existiert. Nach Voraussetzung gibt es eine Funktion f aus $\mathfrak{N}$ mit $f \notin [\{et\}]$, d. h. insbesondere $f \notin \langle\langle id \rangle\rangle$. Dann ist aber f bereits nichtselbstdual, oder man kann aus f durch Substitution von k_0 eine nichtselbstduale Funktion erzeugen, die von mehr als einer Variablen wesentlich abhängt (siehe Bemerkung 3 von Lemma 1). Hieraus folgt mit Lemma 28: $F_6^\infty \subseteq \mathfrak{N}$. Folglich gilt $F_6^\infty \cup \langle\langle k_0 \rangle\rangle \subseteq \mathfrak{M}$, was zu beweisen war.

§ 5. Ein Lemma über die Ordnungen von F_5^∞, F_6^∞, F_7^∞, F_8^∞

Lemma 31. *Die Ordnung von* F_5^∞, F_6^∞, F_7^∞ *ist jeweils gleich drei, die Ordnung von* F_8^∞ *ist gleich zwei.*

Beweis. Wegen der Lemmata 23, 27, 29 und 25 ist die Ordnung von F_5^∞, F_6^∞, F_7^∞ jeweils nicht größer als 3 und die Ordnung von F_8^∞ nicht größer als 2. Da ferner alle betrachteten Mengen eine Ordnung haben, die mindestens gleich 1 ist, genügt es wegen $F_7^\infty = F_6^\infty \cup \langle\langle k_0 \rangle\rangle$, die Ordnungen von F_5^∞ und F_6^∞ nach unten abzuschätzen. Angenommen, die Ordnung von F_5^∞ oder F_6^∞ wäre gleich 2. Da *et* die einzige zweistellige 1-separierende α-Funktion ist, die von zwei Variablen wesentlich abhängt, so wäre $\{et\}$ eine Basis von F_5^∞ oder F_6^∞. Das steht aber im Widerspruch zu den Lemmata 23 und 27, denn es kann weder die Funktion g_1 noch die Funktion g_2 mit $g_1(x, y, z) =_{\mathrm{Df}} x \cdot (y \vee \bar{z})$, $g_2(x, y, z) =_{\mathrm{Df}} x \cdot (y \vee z)$ aus *et* erzeugt werden. Damit ist das Lemma bewiesen.

§ 6. Ein Lemma über Mengen von Funktionen, die 1-separierend vom Grade 2, jedoch nicht vom Grade $\mu + 1$ ($\mu \geqq 2$) sind

Lemma 32. *Es sei $\mathfrak{M}$ eine abgeschlossene Menge von Funktionen, die 1-separierend vom Grade 2, jedoch nicht vom Grade $\mu + 1$ ($\mu \geqq 2$) sind. Ferner enthalte $\mathfrak{M}$ eine nichtselbstduale Funktion. Dann liegt in $\mathfrak{M}$ die Funktion h_μ mit* $h_\mu(x_1, \ldots, x_{\mu+1}) =_{\text{Df}} \bigvee_{i=1}^{\mu+1} x_1 \ldots x_{i-1}\, x_{i+1} \ldots x_{\mu+1}$.

Beweis. Es sei f eine n-stellige Funktion aus $\mathfrak{M}$, die nicht 1-separierend vom Grade $\mu + 1$ ist. Dann existieren n-Tupel $\tilde{\alpha}_1 =_{\text{Df}} [\alpha_{1,1}, \ldots, \alpha_{1,n}]$, $\ldots, \tilde{\alpha}_{\mu+1} =_{\text{Df}} [\alpha_{\mu+1,1}, \ldots, \alpha_{\mu+1,n}]$, so daß gilt: Es ist $f(\tilde{\alpha}_i) = 1$ für jedes i mit $1 \leqq i \leqq \mu + 1$ und in der Matrix

$$\begin{pmatrix} \alpha_{1,1} & \ldots & \alpha_{1,n} \\ \vdots & & \vdots \\ \alpha_{\mu+1,1} & \ldots & \alpha_{\mu+1,n} \end{pmatrix}$$

gibt es keine Spalte, die aus lauter Einsen besteht.

Es sind zwei Fälle möglich:

1. f ist eine α-Funktion. Wir untersuchen die $(\mu + 1)$-stelligen Funktionen $g_1, \ldots, g_n$, wobei

$$g_l(x_1, \ldots, x_{\mu+1}) = \begin{cases} 0 \text{ für alle die Tupel, die mehr als eine Null enthalten;} \\ \alpha_{i,l} \text{ für alle die Tupel, die genau eine Null enthalten, wobei diese Null an der } i\text{-ten Stelle steht;} \\ 1 \text{ für } [x_1, \ldots, x_{\mu+1}] = [1, 1, \ldots, 1], \end{cases}$$
$l = 1, 2, \ldots, n$

(siehe Tabelle 13).

Tabelle 13

x_1	x_2	$x_3 \ldots x_\mu$	$x_{\mu+1}$	g_1	g_2	g_3	$\ldots$	g_n
0	0	0 0	0	0	0	0	$\ldots$	0
$\ldots$	$\ldots$	$\ldots$	$\ldots$	$\ldots$	$\ldots$	$\ldots$	$\ldots$	$\ldots$
1	1	1 ... 0	0	0	0	0	$\ldots$	0
0	1	1 ... 1	1	α_{11}	α_{12}	α_{13}	$\ldots$	$\alpha_{1,n}$
1	0	1 ... 1	1	α_{21}	α_{22}	α_{23}	$\ldots$	$\alpha_{2,n}$
1	1	0 ... 1	1	α_{31}	α_{32}	α_{33}	$\ldots$	$\alpha_{3,n}$
$\ldots$	$\ldots$	$\ldots$	$\ldots$	$\ldots$	$\ldots$	$\ldots$	$\ldots$	$\ldots$
1	1	1 ... 1	0	$\alpha_{\mu+1,1}$	$\alpha_{\mu+1,2}$	$\alpha_{\mu+1,3}$	$\ldots$	$\alpha_{\mu+1,n}$
1	1	1 ... 1	1	1	1	1	$\ldots$	1

Es ist evident, daß die Funktionen $g_1, \ldots, g_n$ monoton sind. Da $g_l(x) = 1$ $(1 \leqq l \leqq n)$ nur dann gilt, wenn $\tilde{x}$ höchstens eine Null enthält, da andererseits g_l an mindestens einer Stelle $\tilde{x}$, die genau eine Null enthält ,den Wert Eins annimmt, folgt, daß g_l 1-separierend ist. Also gilt $g_l \in F_6^\infty$ für alle l mit $1 \leqq l \leqq n$. $\mathfrak{M}$ ist eine abgeschlossene Menge von Funktionen, die 1-separierend vom Grade 2 sind. Also ist $\mathfrak{M}$ entweder $\langle\alpha\rangle$- oder $\langle\alpha, \gamma\rangle$-Menge. Daher sind vier Unterfälle zu untersuchen.

a) $\mathfrak{M}$ ist eine $\langle\alpha\rangle$-Menge, die nicht nur aus monotonen Funktionen besteht. Wegen Lemma 24 hat man dann $\mathfrak{M} \supseteq F_5^\infty$.

b) $\mathfrak{M}$ ist eine $\langle\alpha\rangle$-Menge von monotonen Funktionen. Da die Funktionen aus $\mathfrak{M}$ nicht 1-separierend vom Grade $\mu + 1$ sind, liegt $\mathfrak{M}$ nicht ganz in $[\{et\}]$. Außerdem enthält $\mathfrak{M}$ nach Voraussetzung eine nichtselbstduale Funktion. Mit Lemma 28 haben wir also $\mathfrak{M} \supseteq F_6^\infty$.

c) $\mathfrak{M}$ ist eine $\langle\alpha, \gamma\rangle$-Menge, die nicht nur aus monotonen Funktionen besteht. Mit Lemma 26 folgt dann $\mathfrak{M} \supseteq F_8^\infty$.

d) $\mathfrak{M}$ ist eine $\langle\alpha, \gamma\rangle$-Menge von monotonen Funktionen. Da die Funktionen aus $\mathfrak{M}$ nicht 1-separierend vom Grade $\mu + 1$ sind, liegt in $\mathfrak{M}$ eine Funktion, die nicht zu $\langle\!\langle k_0 \rangle\!\rangle$ oder zu $[\{et\}]$ gehört. Mit Lemma 30 folgt dann $\mathfrak{M} \supseteq F_7^\infty$.

Da jede der Mengen F_5^∞, F_7^∞ und F_8^∞ die Menge F_6^∞ enthält, gilt in allen Fällen $F_6^\infty \subseteq \mathfrak{M}$. Also haben wir $g_l \in \mathfrak{M}$ für alle l mit $1 \leqq l \leqq n$. Es ist aber $f(g_1(x_1, \ldots, x_{\mu+1}), \ldots, g_n(x_1, \ldots, x_{\mu+1})) = h_\mu(x_1, \ldots, x_{\mu+1})$, d. h. $h_\mu \in \mathfrak{M}$.

2. f ist eine γ-Funktion. Wir betrachten die Funktionen $g_1', \ldots, g_n'$ mit

$$g_l'(x_1, \ldots, x_{\mu+1}) = \begin{cases} 0 \text{ für alle Tupel, die mehr als eine Null} \\ \text{enthalten;} \\ a_{i,l} \text{ für alle Tupel, die genau eine Null} \\ \text{enthalten, wobei diese Null an der } i\text{-ten} \\ \text{Stelle steht;} \\ a_{1,l} \text{ für } [x_1, \ldots, x_{\mu+1}] = [1, 1, \ldots, 1], \end{cases}$$

$l = 1, 2, \ldots, n$. Analog zum Fall 1 zeigt man, daß die Funktionen g_l' $(1 \leqq l \leqq n)$ 1-separierend sind. Also hat man $g_l' \in F_8^\infty$. Da $\mathfrak{M}$ eine $\langle\alpha, \gamma\rangle$-Menge ist, die eine nichtmonotone Funktion enthält, so folgt mit Lemma 26 $\mathfrak{M} \supseteq F_8^\infty$. Folglich gilt $g_l' \in \mathfrak{M}$ für alle l mit $1 \leqq l \leqq n$. Es ist aber $f(g_1'(x_1, \ldots, x_{\mu+1}), \ldots, g_n'(x_1, \ldots, x_{\mu+1})) = h_\mu(x_1, \ldots, x_{\mu+1})$, d. h. $h_\mu \in \mathfrak{M}$. Damit ist das Lemma bewiesen.

§ 7. Die Menge F_5^μ und ihre Basis

Es sei F_5^μ die Menge aller α-Funktionen, die 1-separierend vom Grade μ sind. Wegen $F_5^\mu = C_4 \cap F_8^\mu$ ist F_5^μ eine abgeschlossene Menge.

Lemma 33. *Die Menge* $\{g, h_\mu\}$ *mit* $g(x, y, z) =_{\mathrm{Df}} x \cdot (y \vee \bar{z})$ *und* $h_\mu(x_1, \ldots, x_{\mu+1}) =_{\mathrm{Df}} \bigvee_{i=1}^{\mu+1} x_1 \ldots x_{i-1} x_{i+1} \ldots x_{\mu+1}$ *ist Basis von* F_5^μ.

Beweis. Es ist klar, daß g und h_μ Elemente von F_5^μ sind. Wir zeigen, daß jede n-stellige Funktion f aus F_5^μ durch g und h_μ erzeugbar ist. Der Beweis wird induktiv über die Anzahl m derjenigen n-Tupel geführt, für die f den Wert 1 annimmt.

a) $m \leqq \mu + 1$. Wir betrachten die Menge M aller n-Tupel, für die die α-Funktion f gleich 1 ist. Zu diesen n-Tupeln gehört sicher auch $[1, 1, \ldots, 1]$. Da die Funktion f 1-separierend vom Grade μ ist, muß die Menge $M \setminus \{[1, \ldots, 1]\}$ 1-separabel sein, denn es gilt $m - 1 \leqq \mu$. Damit ist aber auch M 1-separabel. Folglich ist f eine 1-separierende Funktion. Wegen Lemma 23 ist daher f aus g erzeugbar.

b) Die Behauptung sei bereits für alle Funktionen bewiesen, für die $m = t$ und $t \geqq \mu + 1$. Wir zeigen, daß sie dann auch für alle Funktionen mit $m = t + 1$ gilt. Dazu betrachten wir eine beliebige n-stellige Funktion f mit $m = t + 1$. Es sei $M =_{\mathrm{Df}} \{\tilde{\alpha}_0, \ldots, \tilde{\alpha}_t\}$ die Menge aller n-Tupel, für die f gleich 1 ist, ferner sei $\tilde{\alpha}_0 =_{\mathrm{Df}} [1, 1, \ldots, 1]$. Wir definieren wie folgt Funktionen $\varphi_1, \ldots, \varphi_t$:

$$\varphi_i(\tilde{x}) =_{\mathrm{Df}} \begin{cases} 1, \text{ falls } \tilde{x}\tilde{\alpha} \in M \setminus \{\tilde{\alpha}_i\}; \\ 0, \text{ sonst.}; \qquad i = 1, 2, \ldots, t. \end{cases}$$

Trivial ist jede dieser Funktionen eine α-Funktion. Da ferner aus $\varphi_i(\tilde{x}) = 1$ stets $f(\tilde{x}) = 1$ $(i = 1, 2, \ldots, t)$ folgt, sind die Funktionen φ_i 1-separierend vom Grade μ. Also haben wir $\varphi_i \in F_5^\mu$ für jedes i mit $1 \leqq i \leqq t$. Zum anderen ist jede Funktion φ_i an genau t Stellen gleich 1, d. h. nach Induktionsvoraussetzung aus g und h_μ erzeugbar. Wegen $t \geqq \mu + 1$ kann man die Funktion f' mit $f'(\tilde{x}) =_{\mathrm{Df}} h_\mu(\varphi_1(\tilde{x}), \ldots, \varphi_{\mu+1}(\tilde{x}))$ bilden. Es ist aber trivial $f'(\tilde{x}) = f(\tilde{x})$. Damit ist gezeigt, daß f aus g und h_μ erzeugbar ist. Es bleibt noch zu zeigen, daß $[\{g\}] \subset F_5^\mu$ und $[\{h_\mu\}] \subset F_5^\mu$. In der Tat, da g eine 1-separierende Funktion ist, h_μ jedoch nicht, so kann h_μ nicht durch g erzeugt werden. Andererseits kann man aus der monotonen Funktion h_μ keine nichtmonotonen Funktionen erzeugen. Also kann insbesondere g nicht aus h_μ gewonnen werden. Folglich ist $\{g, h_\mu\}$ Basis von F_5^μ.

§ 8. Die Menge F_8^μ und ihre Basis

Es sei F_8^μ die Menge aller Funktionen, die 1-separierend vom Grade μ sind. Trivial ist F_8^μ eine abgeschlossene $\langle \alpha, \gamma\text{-}\rangle$Menge.

Lemma 34. *Die Menge* $\{g, h_\mu\}$ *mit* $g(x, y) =_{\mathrm{Df}} x \cdot \bar{y}$, $h_\mu(\tilde{x}) = =_{\mathrm{Df}} \bigvee_{i=1}^{\mu+1} x_1 \ldots x_{i-1}\, x_{i+1} \ldots x_{\mu+1}$ *ist Basis von* F_8^μ.

Beweis. Man sieht leicht ein, daß g und h_μ Elemente von F_8^μ sind. Wir zeigen, daß jede n-stellige Funktion f aus F_8^μ durch h_μ und g erzeugbar ist. Es sind zwei Fälle möglich:

1. f ist eine α-Funktion. Dann haben wir $f \in F_5^\mu$. Wegen $x \cdot (\overline{\bar{y} \cdot z}) = = x \cdot (y \vee \bar{z})$ ist f mit Lemma 33 aus g und h_μ erzeugbar.

2. f ist eine α-Funktion. Falls $f \in \langle\langle k_0 \rangle\rangle$, so ist wegen $f(x_1, \ldots, x_n) = = x_1 \cdot \bar{x}_1$ nichts zu zeigen. Wir nehmen daher an, daß $f \notin \langle\langle k_0 \rangle\rangle$ und untersuchen die $(n+1)$-stellige Hilfsfunktion φ mit $\varphi(x_1, \ldots, x_{n+1}) = =_{\mathrm{Df}} x_1 \ldots x_{n+1} \vee f(x_1, \ldots, x_n)$. Es ist φ eine α-Funktion und 1-separierend vom Grade μ, wie man leicht prüft. Wie bereits gezeigt, kann φ aus den Funktionen g und h_μ erzeugt werden. Außerdem wurde schon bewiesen, daß k_0 ebenfalls aus g und h_μ erzeugbar ist. Da aber $f(x_1 \ldots, x_n) = = \varphi(x_1, \ldots, x_n, 0)$ gilt, folgt, daß auch f aus g und h_μ erzeugbar ist. Es bleibt noch zu zeigen, daß $[\{g\}] \subset F_8^\mu$ und $[\{h_\mu\}] \subset F_8^\mu$. In der Tat, g ist eine nichtmonotone 1-separierende Funktion, h_μ jedoch eine monotone nicht-1-separierende Funktion. Also ist weder g aus h_μ noch h_μ aus g erzeugbar. Damit ist das Lemma bewiesen.

§ 9. Die Mengen F_6^μ, F_7^μ und ihre Basen

Es sei F_6^μ die Menge aller monotonen α-Funktionen, die 1-separierend vom Grade μ sind. Wegen $F_6^\mu = A_4 \cap F_8^\mu$ ist F_6^μ abgeschlossen.

Lemma 35. *Die Menge* $\{g, h_2\}$ *mit* $g(x, y, z) =_{\mathrm{Df}} x\,(y \vee z)$ *bzw. die Menge* $\{h_\mu\}$ *mit* $\mu \geqq 3$ *ist Basis von* F_6^2 *bzw. von* F_6^μ $(\mu \geqq 3)$.

Beweis. Es ist klar, daß $g \in F_6^\mu$ und $h_\mu \in F_6^\mu$. Wir zeigen zunächst, daß die Menge $\{g, h_\mu\}$ vollständig in F_6^μ ist, d. h., daß jede n-stellige Funktion f aus F_6^μ durch g und h_μ erzeugbar ist. Den Beweis führen wir induktiv über die Zahl m der Fundamentalkonjunktionen der GANF von f. Es seien $\mathfrak{P}_1, \ldots, \mathfrak{P}_m$ die Fundamentalkonjunktionen der GANF von f.

a) $m \leqq \mu$. Dann ist f wegen Lemma 21 eine 1-separierende Funktion, d.h., es gilt $f \in F_6^\infty$. Hieraus folgt mit Lemma 27, daß f aus g erzeugbar ist.

b) Unsere Behauptung sei bereits für alle f mit $m = t\ (t \geqq \mu)$ bewiesen. Wir zeigen, daß sie dann auch für Funktionen mit $m = t + 1$ gilt. Es sei f eine derartige Funktion. Wir bilden zunächst die n-stelligen Funktionen $\varphi_1, \ldots, \varphi_{t+1}$, indem wir setzen $\varphi_i(\tilde{x}) =_{\mathrm{Df}} \bigvee_{\substack{k=1 \\ k \neq i}}^{t+1} \mathfrak{P}_k$, $i = 1, 2, \ldots, t + 1$. Jede der Funktionen φ_i $(i = 1, 2, \ldots, t + 1)$ ist monoton, denn keine der Fundamentalkonjunktionen enthält negierte Variablen. Da ferner $t \geqq \mu \geqq 2$ gilt, entartet keine der GANF der Funktionen φ_i, d. h., die φ_i $(1 \leqq i \leqq t + 1)$ sind α-Funktionen. Weiter folgt aus $\varphi_i(\tilde{x}) = 1$ $(i = 1, 2, \ldots, t + 1)$ stets $f(\tilde{x}) = 1$. Damit hat man: Mit f ist auch jede der Funktionen φ_i 1-separierend vom Grade μ. Also gilt $\varphi_i \in F_6^\mu$ $(1 \leqq i \leqq t + 1)$.

Man überlegt sich leicht, daß $\bigvee_{\substack{k=1 \\ k \neq i}}^{t+1} \mathfrak{P}_k$ die GANF von φ_i ist $(i = 1, 2, \ldots, t + 1)$. Da diese GANF genau t Fundamentalkonjunktionen enthält, so sind die Funktionen $\varphi_1, \ldots, \varphi_{t+1}$ aus g und h_μ erzeugbar. Nun ist aber $h_\mu(\varphi_1(\tilde{x}), \ldots, \varphi_{\mu+1}(\tilde{x})) = f(\tilde{x})$, d. h., f ist aus g und h_μ erzeugbar. Im Falle $\mu = 2$ ist die Funktion g 1-separierend und nicht selbstdual, dagegen h_2 nicht 1-separierend und selbstdual. Folglich ist weder g aus h_2 noch h_2 aus g erzeugbar, d. h., $\{g, h_2\}$ ist Basis von F_6^2. Im Falle $\mu \geqq 3$ ist g aus $h\,\mu$ erzeugbar. Es gilt nämlich $h_\mu(x_1, x_2, x_3, \underbrace{x_1, \ldots, x_1}_{(\mu-2)\,\mathrm{mal}}) = x_1 \cdot (x_2 \vee x_3)$. Folglich ist für $\mu \geqq 3$ die Menge $\{h_\mu\}$ Basis von F_6^μ. Damit ist das Lemma bewiesen.

Es bezeichne F_7^μ die Menge aller monotonen Funktionen, die 1-separierend vom Grade μ sind. Da $F_7^\mu = A_1 \cap F_8^\mu$ gilt, ist F_7^μ eine abgeschlossene $\langle\alpha, \gamma\rangle$-Menge,

Lemma 36. *Die Menge* $\{k_0, h_\mu\}$ *ist Basis von* F_7^μ.

Beweis. Trivial gilt $k_0 \in F_7^\mu$ und $h_\mu \in F_7^\mu$. Wir zeigen, daß jede n-stellige Funktion f aus k_0 und h_μ erzeugbar ist. Wegen $F_7^\mu = F_6^\mu \cup \langle\langle k_0 \rangle\rangle$ genügt es zu zeigen, daß $F_6^\mu \subseteq [\{k_0, h_\mu\}]$. Es sei $\mu = 2$. Dann hat man $h_2(x, h_2(x, y, z), k_0) = x \cdot (y \vee z)$. Folglich (siehe Lemma 35) ist die Basis von F_6^2 Teilmenge von $[\{k_0, h_\mu\}\}$. Für $\mu \geqq 3$ ist die Basis von F_6^μ in $\{k_0, h_\mu\}$ selbst enthalten. Damit ist das Lemma bewiesen.

§ 10. Ein Lemma über die Ordnungen von F_5^μ, F_6^μ, F_7^μ, F_8^μ

Lemma 37. *Die Ordnung der Menge* F_i^μ *mit* $i = 5, 6, 7, 8$ *ist gleich* $\mu + 1$.

Beweis. Wegen der Lemmata 33, 34, 35 und 36 ist die Ordnung der Mengen F_i^μ $(i = 5, 6, 7, 8)$ nach oben durch $\mu + 1$ abgeschätzt. Würde nun für eine dieser Mengen F_i^μ eine Basis mit einer Ordnung kleiner als $\mu + 1$ existieren, so bestünde sie wegen Lemma 22 aus 1-separierenden Funktionen. Aus dieser Menge könnte aber die Funktion h_μ mit $h_\mu \in F_i^\mu$ nicht erzeugt werden, denn h_μ ist nicht 1-separierend. Damit ist das Lemma bewiesen.

Zweiter Teil

Kapitel V

Charakterisierung der abgeschlossenen Mengen in C_1

Im folgenden werden die abgeschlossenen Teilmengen von C_1 eingehend beschrieben sowie ihre Beziehungen zueinander analysiert. Das Resultat dieser Untersuchung unterscheidet sich von dem bei Post zu findenden um gewisse Details; so werden hier auch die Mengen O_i, P_i und S_i betrachtet.

§ 1. Die abgeschlossenen Mengen O_i, P_i und S_i

Zu Beginn charakterisieren wir drei Klassen einfachster abgeschlossener Mengen. Die erste Klasse besteht aus abgeschlossenen Mengen der Ordnung 0 bis 1.

$O_1 =_{\mathrm{Df}} \langle\!\langle id \rangle\!\rangle$. O_1 ist eine $\langle\alpha\rangle$-Menge mit der Basis $\{id\}$.

$O_2 =_{\mathrm{Df}} \langle\!\langle k_1 \rangle\!\rangle$. O_2 ist eine $\langle\beta\rangle$-Menge mit der Basis $\{k_1\}$.

$O_3 =_{\mathrm{Df}} \langle\!\langle k_0 \rangle\!\rangle$. O_3 ist eine $\langle\gamma\rangle$-Menge mit der Basis $\{k_0\}$.

$O_4 =_{\mathrm{Df}} \langle\!\langle id \rangle\!\rangle \cup \langle\!\langle non \rangle\!\rangle$. O_4 ist eine $\langle\alpha, \delta\rangle$-Menge mit der Basis $\{non\}$.

$O_5 =_{\mathrm{Df}} O_1 \cup O_2$. O_5 ist eine $\langle\alpha, \beta\rangle$-Menge mit der Basis $\{id, k_1\}$.

$O_6 =_{\mathrm{Df}} O_1 \cup O_3$. O_6 ist eine $\langle\alpha, \gamma\rangle$-Menge mit der Basis $\{id, k_0\}$.

$O_7 =_{\mathrm{Df}} O_2 \cup O_3$. O_7 ist eine $\langle\beta, \gamma\rangle$-Menge mit der Basis $\{k_0, k_1\}$.

$O_8 =_{\mathrm{Df}} O_1 \cup O_2 \cup O_3$. O_8 ist eine $\langle\alpha, \beta, \gamma\rangle$-Menge mit der Basis $\{id, k_0, k_1\}$.

$O_9 =_{\mathrm{Df}} O_2 \cup O_3 \cup O_4$. O_9 ist eine $\langle\alpha,\beta,\gamma,\delta\rangle$-Menge mit der Basis $\{non, k_0\}$.

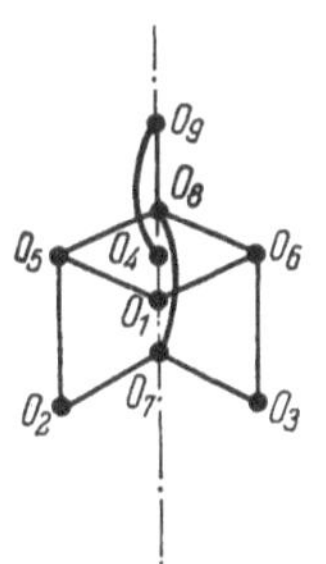

Abb. 1

Die Ordnung von O_2, O_3, O_7 ist jeweils gleich 0, die von O_1, O_4, O_5, O_6, O_8, O_9 jeweils gleich 1. Damit sind alle abgeschlossenen Mengen der Ordnung 0 und 1 aus C_1 aufgezählt.

In Abb. 1 sind die Beziehungen zwischen diesen Mengen graphisch dargestellt. Die Knoten des Graphen sind die abgeschlossenen Mengen O_i. Falls $O_j \subset O_i$ gilt, so ist der Knoten O_i „über" dem Knoten O_j angeordnet. Knoten O_i und O_j sind genau dann durch eine Kante verbunden, wenn O_j POSTsche Klasse von O_i ist. Einen derartigen Graphen wollen wir POST*schen Graphen*[1]) abgeschlossener Mengen nennen.

Man erkennt, daß der Graph in Abb. 1 eine Symmetrieachse hat. Die Mengen selbstdualer Funktionen sind auf dieser Symmetrieachse angeordnet, während die Mengen zueinander dualer Funktionen symmetrisch zu dieser Achse liegen.

Die zweite zu untersuchende Klasse besteht aus abgeschlossenen Mengen von Funktionen der Ordnung 1 sowie aus allen logischen Summen.

$S_1 =_{\mathrm{Df}}$ Menge aller nichtentarteten logischen Summen. Man erkennt unschwer, daß S_1 eine $\langle\alpha\rangle$-Menge mit der Basis $\{vel\}$ ist.

$S_3 =_{\mathrm{Df}} S_1 \cup O_2$. S_3 ist eine $\langle\alpha, \beta\rangle$-Menge mit der Basis $\{vel, k_1\}$.

$S_5 =_{\mathrm{Df}} S_1 \cup O_3$. S_5 ist eine $\langle\alpha, \gamma\rangle$-Menge mit der Basis $\{vel, k_0\}$.

$S_6 =_{\mathrm{Df}} S_1 \cup O_7$. S_1 ist eine $\langle\alpha, \beta, \gamma\rangle$-Menge mit der Basis $\{vel, k_0, k_1\}$.

Man überlegt sich leicht, daß jede abgeschlossene Teilmenge von S_6, sofern sie eine Funktion enthält, die von mehr als einer Variablen wesentlich abhängt, mit einer der Mengen S_1, S_3, S_5, S_6 zusammenfällt. Im anderen Falle besteht diese Teilmenge aus Funktionen, die von höchstens einer Variablen wesentlich abhängen, d. h., diese Menge ist gleich einer der Mengen O_i.

Hieraus folgt, daß

S_3, S_5 und O_8 die einzigen POSTschen Klassen von S_6;
S_1 und O_6 die einzigen POSTschen Klassen von S_5;
S_1 und O_5 die einzigen POSTschen Klassen von S_3;
O_1 die einzige POSTsche Klasse von S_1
sind.

Die dritte zu untersuchende Klasse besteht aus allen zur zweiten Klasse dualen Mengen.

$P_1 =_{\mathrm{Df}}$ Menge aller nichtentarteten logischen Produkte. P_1 ist eine $\langle\alpha\rangle$-Menge mit der Basis $\{et\}$.

$P_3 =_{\mathrm{Df}} P_1 \cup O_3$. P_3 ist $\langle\alpha, \gamma\rangle$-Menge mit der Basis $\{et, k_0\}$.

$P_5 =_{\mathrm{Df}} P_1 \cup O_2$. P_5 ist $\langle\alpha, \beta\rangle$-Menge mit der Basis $\{et, k_1\}$.

$P_6 =_{\mathrm{Df}} P_1 \cup O_7$. P_6 ist $\langle\alpha, \beta, \gamma\rangle$-Menge mit der Basis $\{et, k_0, k_1\}$.

Man überzeugt sich leicht davon, daß jede Menge der zweiten und dritten Klasse die Ordnung 2 hat.

In Abb. 2 ist der POSTsche Graph dieser Mengen dargestellt.

---

[1]) Im Original wird dieser Graph „Diagramm der Beziehungen zwischen den abgeschlossenen Mengen BOOLEscher Funktionen" genannt.

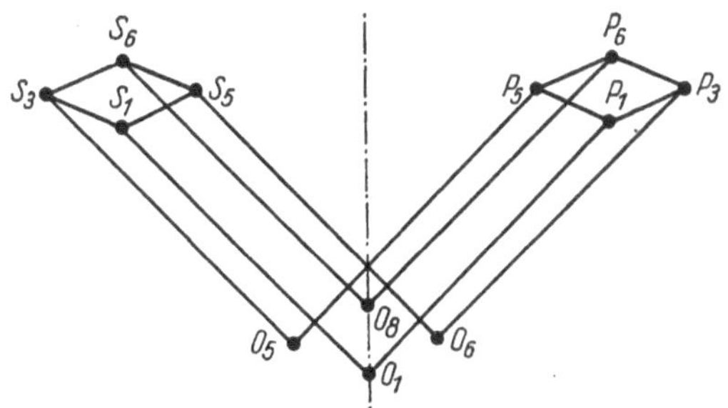

Abb. 2

§ 2. Abgeschlossene Mengen linearer BOOLEscher Funktionen

Wir setzen: $L_1 =_{\mathrm{Df}}$ Menge aller linearen BOOLEschen Funktionen. L_1 ist eine $\langle\alpha, \beta, \gamma, \delta\rangle$-Menge mit der Basis $\{k_0, g\}$, wobei $g(x, y) =_{\mathrm{Df}} x \oplus y \oplus 1$. Die Ordnung von L_1 ist gleich 2.

Es ist evident, daß es zu jeder n-stelligen linearen Funktion f' eine m-stellige lineare Funktion f aus $\langle\!\langle f' \rangle\!\rangle$ mit $m \leqq n$ gibt, so daß $f(x_1, \ldots, x_m) = \sum_{i=1}^{m}{}^{\oplus} x_i \oplus c_0$. f ist eine lineare

α-Funktion, wenn $m = 2k + 1$ und $c_0 = 0$;
β-Funktion, wenn $m = 2k$ und $c_0 = 1$;
γ-Funktion, wenn $m = 2k$ und $c_0 = 0$;
δ-Funktion, wenn $m = 2k + 1$ und $c_0 = 1$.

Wir definieren $L_2 =_{\mathrm{Df}} \bigcup_{k \in Nz} (\langle\!\langle f^{2k} \rangle\!\rangle \cup \langle\!\langle g^{2k+1} \rangle\!\rangle)$, wobei $f^{2k}(x_1, \ldots, x_{2k}) = {}=_{\mathrm{Df}} \sum_{i=1}^{2k}{}^{\oplus} x_i \oplus 1$, $g^{2k+1}(x_1, \ldots, x_{2k+1}) =_{\mathrm{Df}} \sum_{i=1}^{2k+1}{}^{\oplus} x_i$. L_2 ist eine $\langle\alpha, \beta\rangle$-Menge, die alle linearen α- oder β-Funktionen enthält, d. h., $L_2 = L_1 \cap C_2$. Die Menge $\{g\}$ mit $g(x, y) =_{\mathrm{Df}} x \oplus y \oplus 1$ ist Basis von L_2, und die Ordnung von L_2 ist gleich 2. Man sieht leicht ein, daß L_2 POSTsche Klasse von L_1 ist. Gäbe es nämlich eine abgeschlossene Menge $\mathfrak{M}$ mit $L_2 \subset \mathfrak{M} \subset L_1$, so müßte $\mathfrak{M}$ entweder $\langle\alpha, \beta, \gamma\rangle$- oder $\langle\alpha, \beta, \gamma, \delta\rangle$-Menge sein. In jedem dieser Fälle wäre $k_0 \in \mathfrak{M}$. Es ist aber $\{k_0, g\}$ Basis von L_1. Also folgt $\mathfrak{M} = L_1$.

Die Menge L_3 wird dual zu L_2 definiert: $L_3 =_{\mathrm{Df}} \bigcup_{m \in Nz} \langle\!\langle f^m \rangle\!\rangle$, wobei $f^m(x_1, \ldots, x_m) =_{\mathrm{Df}} \sum_{i=1}^{m}{}^{\oplus} x_i$. Es ist L_3 eine $\langle\alpha, \gamma\rangle$-Menge, die alle linearen α- oder γ-Funktionen enthält, d. h. $L_3 = L_1 \cap C_3$. Die Menge $\{aut\}$ ist

Basis von L_3, die Ordnung von L_3 ist gleich 2. Analog zum vorigen Fall beweist man, daß L_3 POSTsche Klasse von L_1 ist.

Wir setzen ferner $L_5 =_{\text{Df}} \bigcup_{k \in Nz} (\langle\!\langle f^{2k+1} \rangle\!\rangle \cup \langle\!\langle g^{2k+1} \rangle\!\rangle)$, wobei $f^{2k+1}(x_1, \ldots, x_{2k+1}) =_{\text{Df}} \sum_{i=1}^{2k+1}{}^{\oplus} x_i \oplus 1$, $g^{2k+1}(x_1, \ldots, x_{2k+1}) =_{\text{Df}} \sum_{i=1}^{2k+1}{}^{\oplus} x_i$. L_5 ist eine $\langle \alpha, \delta \rangle$-Menge, die alle linearen α- oder δ-Funktionen enthält, d. h. $L_5 = L_1 \cap D_3$. Eine Basis von L_5 ist $\{h\}$ mit $h(x, y, z) =_{\text{Df}} x \oplus y \oplus z \oplus 1$, die Ordnung von L_5 ist gleich 3. Man überlegt sich leicht, daß L_5 POSTsche Klasse von L_1 ist. Angenommen, es gibt eine abgeschlossene Menge $\mathfrak{M}$ mit $L_5 \subset \mathfrak{M} \subset L_1$. Dann ist $\mathfrak{M}$ eine $\langle \alpha, \beta, \gamma, \delta \rangle$-Menge, d. h. $k_0 \in \mathfrak{M}$. Da aber die Menge $\{k_0, h\}$ eine Basis von L_1 ist, so folgt $\mathfrak{M} = L_1$.

Es sei $L_4 =_{\text{Df}} \bigcup_{k \in Nz} \langle\!\langle f^{2k+1} \rangle\!\rangle$, wobei $f^{2k+1}(x_1, \ldots, x_{2k+1}) =_{\text{Df}} \sum_{i=1}^{2k+1}{}^{\oplus} x_i$. L_4 ist eine $\langle \alpha \rangle$-Menge, die alle linearen α-Funktionen enthält. Das heißt, es ist $L_4 = L_1 \cap C_4$. Die Menge $\{g\}$ mit $g(x, y, z) =_{\text{Df}} x \oplus y \oplus z$ ist Basis von L_4, die Ordnung von L_4 ist gleich 3. Man erkennt unschwer, daß jede Funktion aus L_4, sofern sie von mehr als einer Variablen wesentlich abhängt, eine Basis von L_4 ist. Daher enthält L_4 keine abgeschlossenen Teilmengen einer Ordnung, die größer als 1 ist. Wir zeigen, daß jede abgeschlossene Menge L, wobei $L_1 \supseteq L \supset L_4$, mit einer der Mengen L_1, L_2, L_3, L_5 zusammenfällt. In der Tat, jede derartige Menge muß genau einen der folgenden Typen haben: $\langle \alpha, \beta \rangle$, $\langle \alpha, \gamma \rangle$, $\langle \alpha, \delta \rangle$, $\langle \alpha, \beta, \gamma \rangle$, $\langle \alpha, \beta, \gamma, \delta \rangle$. Also sind die Fälle a) bis c) möglich:

a) $k_1 \in \mathfrak{M}$. Da die Menge $\{g, k_1\}$ mit $g(x, y, z) =_{\text{Df}} x \oplus y \oplus z$ die Menge L_2 erzeugt, so fällt $\mathfrak{M}$ mit L_2 oder mit L_1 zusammen.

b) $k_0 \in \mathfrak{M}$. Da die Menge $\{g, k_0\}$ die Menge L_3 erzeugt, so fällt $\mathfrak{M}$ mit L_3 oder mit L_1 zusammen.

c) $non \in \mathfrak{M}$. Da die Menge $\{g, non\}$ die Menge L_5 erzeugt, so fällt $\mathfrak{M}$ mit L_5 oder mit L_1 zusammen.

Hieraus folgt, daß die L_i ($i = 1, 2, 3, 4, 5$) alle und nur die abgeschlossenen Mengen linearer Funktionen sind, deren Ordnung größer als 1 ist. Da nämlich jede lineare Funktion einer Ordnung, die größer als 1 ist, die Funktion $g(x, y, z) =_{\text{Df}} x \oplus y \oplus z$ erzeugt, so enthält jede derartige abgeschlossene Menge linearer Funktionen die Menge L_4.

Es ist evident, daß jede abgeschlossene Menge von Funktionen, die von nicht mehr als von einer Variablen wesentlich abhängen, nur aus linearen Funktionen besteht. Hieraus folgt, daß

L_2, L_3, L_5 und O_9 die einzigen Postschen Klassen von L_1,
L_4 und O_5 die einzigen Postschen Klassen von L_2,
L_4 und O_6 die einzigen Postschen Klassen von L_3,
O_1 die einzige Postsche Klasse von L_4 sowie
O_4 und L_4 die einzigen Postschen Klassen von L_5

sind. In Abb. 3 ist der Postsche Graph dieser Mengen dargestellt.

Bei der weiteren Klassifizierung abgeschlossener Mengen gehen wir von den Fundamenttypen dieser Mengen aus.

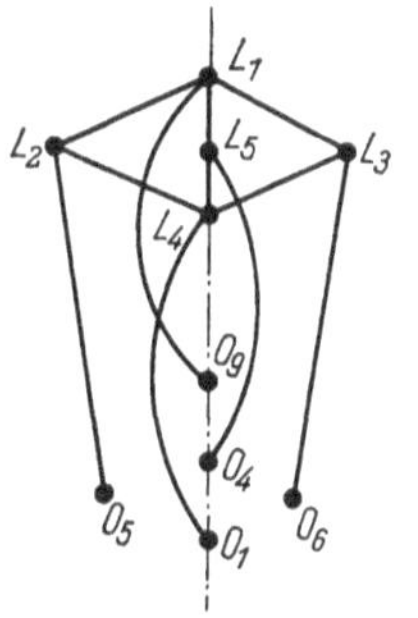

Abb. 3

§ 3. $\langle\beta\rangle$-, $\langle\gamma\rangle$-, $\langle\beta, \gamma\rangle$-Mengen

Wie aus Lemma 13 und Satz 4 folgt, besteht jede dieser Mengen nur aus konstanten Funktionen. Daher fällt jede derartige Menge mit O_2, O_3 oder O_7 zusammen.

§ 4. $\langle\alpha, \beta, \gamma\rangle$-Mengen

Die Menge A_1 besteht aus allen monotonen Funktionen. A_1 ist trivial eine $\langle\alpha, \beta, \gamma\rangle$-Menge mit der Basis $\{k_0, k_1, et, vel\}$ und der Ordnung 2 (siehe Folgerungen 1 und 2 von Lemma 6). Wir zeigen, daß jede abgeschlossene $\langle\alpha, \beta, \gamma\rangle$-Menge, die von A_1 verschieden ist, mit O_8, S_6 oder P_6 zusammenfällt. Es ist klar, daß jede abgeschlossene $\langle\alpha, \beta, \gamma\rangle$-Menge $\mathfrak{M}$ Teilmenge von A_1 ist. Im anderen Falle enthielte sie eine nichtmonotone Funktion, aus der wegen unserer Folgerung aus Lemma 5 die Funktion *non*, d. h. eine δ-Funktion, erzeugbar wäre. Die folgenden Fälle sind für $\mathfrak{M}$ möglich:

$\mathfrak{M}$ besteht aus monotonen Funktionen der Ordnung 0 oder 1. Dann gilt trivial $\mathfrak{M} = O_8$.

$\mathfrak{M}$ besteht aus monotonen Funktionen einer Ordnung größer als 1, und alle diese Funktionen sind logische Summen. Dann gilt $\mathfrak{M} = S_6$.

$\mathfrak{M}$ besteht aus monotonen Funktionen einer Ordnung größer als 1, und alle Funktionen sind logische Produkte. Dann gilt $\mathfrak{M} = P_6$.

$\mathfrak{M}$ enthält eine monotone Funktion mit einer Ordnung größer als 1, die keine logische Summe ist, sowie eine monotone Funktion mit einer Ordnung größer als 1, die kein logisches Produkt ist. In diesem Falle erhalten wir durch Anwendung von Lemma 7 und Satz 4, daß $et \in \mathfrak{M}$ und $vel \in \mathfrak{M}$. Folglich ist $A_1 = \mathfrak{M}$. Damit ist gezeigt, daß keine anderen abgeschlossenen $\langle\alpha, \beta, \gamma\rangle$-Mengen als O_8, S_6, P_6 und A_1 existieren. In Abb. 4 ist der Postsche Graph dieser Mengen dargestellt.

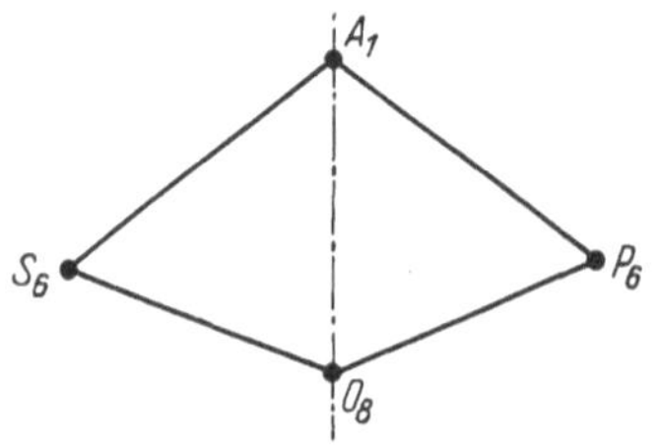

Abb. 4

Abb. 5

§ 5. $\langle\alpha, \beta, \gamma, \delta\rangle$-Mengen

Die Menge C_1 besteht aus allen Booleschen Funktionen. Trivial ist C_1 eine $\langle\alpha, \beta, \gamma, \delta\rangle$-Menge mit $\{non, et\}$ als Basis und der Ordnung 2 (siehe Folgerungen 1 und 3 aus Satz 3). Wenn eine abgeschlossene $\langle\alpha, \beta, \gamma, \delta\rangle$-Menge nicht nur aus linearen Funktionen besteht, so enthält sie wegen Lemma 11 auch die Funktion *et*. Deshalb ist jede abgeschlossene $\langle\alpha, \beta, \gamma, \delta\rangle$-Menge $\mathfrak{M}$ entweder gleich C_1, oder sie besteht nur aus linearen Funktionen. Im letztenFalle hat man aber $\mathfrak{M} = L_1$ oder $\mathfrak{M} = O_9$. In Abb. 5 ist der Postsche Graph dieser Mengen dargestellt.

§ 6. $\langle\alpha\rangle$-Mengen (erster Teil)

Wir untersuchen zunächst $\langle\alpha\rangle$-Mengen, die *et* und *vel* enthalten.

Die Menge A_4 besteht aus allen monotonen α-Funktionen. Wegen Lemma 6 ist $\{et, vel\}$ eine Basis von A_4, und die Ordnung von A_4 ist gleich 2.

C_4 ist die Menge aller α-Funktionen. Unsere Folgerung aus Lemma 17 besagt, daß $\{vel, g\}$ mit $g(x, y, z) =_{\mathrm{Df}} x\,(y \oplus z \oplus 1)$ eine Basis von C_4 ist. Die Ordnung von C_4 ist gleich 3.

Mit Lemma 17 folgt, daß A_4 Postsche Klasse von C_4 ist. Es ist offensichtlich, daß mit A_4 und C_4 alle abgeschlossenen ⟨α⟩-Mengen erfaßt sind, die *et* und *vel* enthalten.

Unterscheidet sich eine abgeschlossene ⟨α⟩-Menge $\mathfrak{M}$ von A_4 und C_4, so muß sie eine der folgenden Eigenschaften erfüllen:

a) $\mathfrak{M}$ besteht aus selbstdualen Funktionen;

b) $\mathfrak{M}$ besteht aus Funktionen, die 1-separierend vom Grade 2 sind;

c) $\mathfrak{M}$ besteht aus Funktionen, die 0-separierend vom Grade 2 sind.

In jedem anderen Falle wäre nämlich *et* $\in \mathfrak{M}$ und *vel* $\in \mathfrak{M}$. Also würde $\mathfrak{M}$ entweder mit A_4 oder mit C_4 zusammenfallen. Wir untersuchen nun ⟨α⟩-Mengen selbstdualer Funktionen. Es sind zwei Fälle zu unterscheiden.

1. Die betrachtete ⟨α⟩-Menge enthält eine nichtmonotone Funktion. Wegen Lemma 20 existieren dann zwei abgeschlossene Mengen. Die Menge D_1 besteht aus allen selbstdualen α-Funktionen. Wegen der Folgerungen 1 und 2 aus Lemma 20 hat D_1 die Menge $\{g\}$ als Basis mit $g(x, y, z) =_{\mathrm{Df}} xy \vee x\bar{z} \vee y\bar{z}$ und die Ordnung 3. Aus Folgerung 1 von Lemma 14, aus den Beziehungen $xy \vee x(\overline{xy}) \vee y(\overline{xy}) = x \vee y$, $xy \vee x(\overline{x \vee y}) \vee y(\overline{x \vee y}) = xy$ und aus Lemma 17 folgt, daß D_1 Postsche Klasse von C_4 ist.

Die Menge L_4 besteht aus allen selbstdualen linearen α-Funktionen (siehe § 2). Aus Fall 2 des Beweises von Lemma 20 ist ersichtlich, daß L_4 Postsche Klasse von D_1 ist.

2. Die betrachtete ⟨α⟩-Menge enthält nur monotone Funktionen. In diesem Fall ist diese Menge entweder gleich O_1 oder gleich D_2 wegen Lemma 8 und 9, wobei, wie aus diesen Lemmata ersichtlich, O_1 Postsche Klasse von D_2 ist. Die Menge D_2 besteht aus allen selbstdualen monotonen α-Funktionen. Die Menge $\{g\}$ mit $g(x, y, z) =_{\mathrm{Df}} xy \vee xz \vee yz$ ist wegen Lemma 9 Basis von D_2. Die Ordnung von D_2 ist gleich 3. Zufolge von Lemma 20 ist D_2 Postsche Klasse von D_1. Schließlich erinnern wir uns daran, daß O_1 Postsche Klasse von L_4 ist (siehe § 2). In Abb. 6 ist der Postsche Graph dieser Mengen dargestellt.

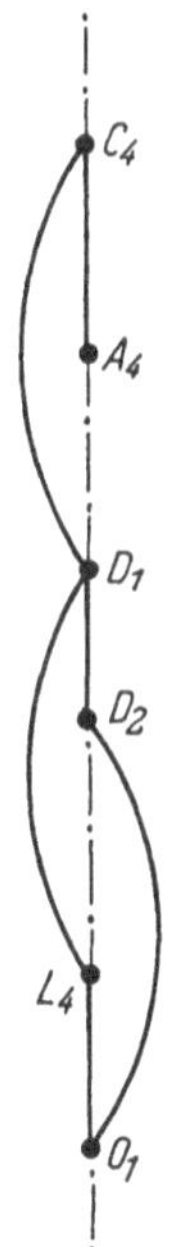

Abb. 6

Es sind nun noch diejenigen $\langle\alpha\rangle$-Mengen $\mathfrak{M}$ zu untersuchen, die nicht nur aus selbstdualen Funktionen bestehen und darüber hinaus eine der beiden folgenden Eigenschaften haben:

$\mathfrak{M}$ besteht aus Funktionen, die 1-separierend vom Grade 2 sind;

$\mathfrak{M}$ besteht aus Funktionen, die 0-separierend vom Grade 2 sind.

Da wegen Lemma 16 jede abgeschlossene Menge, die zwei der Eigenschaften a), b), c) hat, auch die dritte Eigenschaft besitzt, so besteht $\mathfrak{M}$ entweder aus Funktionen, die 1-separierend vom Grade 2 sind und enthält eine Funktion, die nicht 0-separierend vom Grade 2 ist, oder $\mathfrak{M}$ besteht aus Funktionen, die 0-separierend vom Grade 2 sind und enthält eine Funktion, die nicht 1-separierend vom Grade 2 ist. Die Untersuchung dieser Mengen wird in § 9 fortgesetzt.

§ 7. $\langle\alpha, \delta\rangle$-Mengen

Jede abgeschlossene $\langle\alpha, \delta\rangle$-Menge besteht aus selbstdualen Funktionen. Im anderen Falle würde eine derartige Menge die Funktionen *id*, *non* sowie eine nichtselbstduale Funktion enthalten. Wegen Lemma 3 wäre dann eine konstante Funktion (d. h. eine β- oder γ-Funktion) ein Element dieser Menge.

Die Menge D_3 besteht aus allen selbstdualen Funktionen. Mit unseren Folgerungen 1 und 2 von Lemma 2 haben wir: Die Menge $\{g\}$ mit $g(x, y, z) =_{\mathrm{Df}} \overline{x\ \bar{y} \vee x\ \bar{z} \vee \bar{y}\ \bar{z}}$ ist Basis von D_3, die Ordnung von D_3 ist gleich 3. Bei der Konstruktion aller abgeschlossenen $\langle\alpha, \delta\rangle$-Mengen $\mathfrak{M}$ bemerken wir, daß für jede derartige Menge $\mathfrak{M} = \mathfrak{N}_1 \cup \mathfrak{N}_2$ gilt, wobei $\mathfrak{N}_1$ die Menge aller α-Funktionen von $\mathfrak{M}$ und $\mathfrak{N}_2$ die Menge aller Funktionen $\bar{g}$ mit $g \in \mathfrak{N}_1$ ist. Deshalb ist jede abgeschlossene $\langle\alpha, \delta\rangle$-Menge vollständig durch eine gewisse $\langle\alpha\rangle$-Menge selbstdualer Funktionen definiert. Da aber mit O_1, D_2, L_4 und D_1 alle abgeschlossenen $\langle\alpha\rangle$-Mengen selbstdualer Funktionen erfaßt sind, existieren höchstens vier abgeschlossene $\langle\alpha, \delta\rangle$-Mengen. Es sei B_1 die Menge aller Funktionen f, für die gilt: Entweder $f \in O_1$ oder $\bar{f} \in O_1$. Trivial gilt $B_1 = O_4$. Ferner sei B_2 die Menge aller Funktionen f, für die entweder $f \in D_2$ oder $\bar{f} \in D_2$. Wir zeigen, daß B_2 nicht abgeschlossen ist. Dazu betrachten wir die selbstduale α-Funktion g mit $g(x, y, z) =_{\mathrm{Df}} x \oplus y \oplus z$. Offenbar gilt $g \in D_2$. Man überprüft leicht, daß $g \in B_2$. Da andererseits die Funktion h mit $h(x, y, z) = =_{\mathrm{Df}} \overline{xy \vee xz \vee yz}$ in B_2 enthalten ist, so sind aus B_2 alle selbstdualen Funktionen erzeugbar. Hieraus folgt, daß es keine abgeschlossene

$\langle\alpha, \delta\rangle$-Menge geben kann, die durch D_2 in der oben angegebenen Weise definiert wird.

Die Menge B_3 bestehe aus allen Funktionen f, für die entweder $f \in L_4$ oder $\bar{f} \in L_4$. Man erkennt leicht, daß $B_3 = L_5$. Die Menge B_4 bestehe aus allen Funktionen f, für die entweder $f \in D_1$ oder $\bar{f} \in D_1$. Trivial gilt $B_4 = D_3$.

Damit folgt: O_4, L_5 und D_3 sind die einzigen abgeschlossenen $\langle\alpha, \delta\rangle$-Mengen. Es ist evident, daß L_5 Postsche Klasse von D_3 ist. Außerdem erinnern wir uns daran, daß O_4 Postsche Klasse von L_5 ist.

In Abb. 7 ist der Postsche Graph dieser Mengen dargestellt.

Abb. 7

§ 8. $\langle\alpha, \beta\rangle$- und $\langle\alpha, \gamma\rangle$-Mengen (erster Teil)

Unter Beachtung des Dualitätsprinzipes genügt es, $\langle\alpha, \beta\rangle$-Mengen zu untersuchen. Wir beginnen mit abgeschlossenen $\langle\alpha, \beta\rangle$-Mengen, die eine Funktion enthalten, welche nicht 0-separierend vom Grade 2 ist.

Die Menge A_2 besteht aus allen monotonen α- oder β-Funktionen. Zufolge Lemma 6 ist $\{et, vel, k_1\}$ eine Basis von A_2, die Ordnung von A_2 ist gleich 2.

Die Menge C_2 besteht aus allen α- oder β-Funktionen. Zufolge Lemma 18 ist $\{et, g\}$ mit $g(x, y) =_{\mathrm{Df}} x \oplus y \oplus 1$ eine Basis von C_2; die Ordnung von C_2 ist gleich 2. Wir erinnern an Lemma 15, wonach jede abgeschlossene $\langle\alpha, \beta\rangle$-Menge $\mathfrak{M}$ mit einer Funktion, die nicht 0-separierend vom Grade 2 ist, *et* oder *g* enthält. Es sind daher zwei Fälle möglich:

1. $et \in \mathfrak{M}$. Dann können die folgenden Unterfälle eintreten:

a) $\mathfrak{M}$ enthält eine nichtmonotone Funktion. Wegen Lemma 19 ist $\mathfrak{M} = C_2$.

b) $\mathfrak{M}$ besteht aus monotonen Funktionen und enthält eine Funktion, die weder aus P_1 noch aus O_2 ist. Mit Lemma 7 folgt dann $vel \in \mathfrak{M}$ und wegen Lemma 6 schließlich $\mathfrak{M} = A_2$.

c) $\mathfrak{M}$ besteht aus monotonen Funktionen, die in P_1 oder in O_2 liegen. Dann gilt $\mathfrak{M} = P_5$.

2. $g \in \mathfrak{M}$ mit $g(x, y) =_{\mathrm{Df}} x \oplus y \oplus 1$. Dann können folgende Unterfälle eintreten:

a) $\mathfrak{M}$ enthält eine nichtlineare Funktion. Wegen Lemma 19 gilt dann $\mathfrak{M} = C_2$.

b) $\mathfrak{M}$ besteht aus linearen Funktionen. Wie wir aus § 2 wissen, existiert nur eine abgeschlossene Menge mit einer Ordnung größer als 1, nämlich die Menge L_2 aller linearen α- oder β-Funktionen. Daher gilt $\mathfrak{M} = L_2$.

Damit folgt, daß es keine anderen als die hier genannten $\langle\alpha, \beta\rangle$-Mengen gibt, die eine Funktion enthalten, die nicht 0-separierend vom Grade 2 ist. Wegen Lemma 19 sind A_2 und L_2 Postsche Klassen von C_2. Außerdem leitet man aus Lemma 7 unschwer ab, daß P_5 Postsche Klasse von A_2 ist.

Unter Zuhilfenahme des Dualitätsprinzipes findet man alle abgeschlossenen $\langle\alpha, \gamma\rangle$-Mengen, die eine Funktion enthalten, welche nicht 1-separierend vom Grade 2 ist.

Die Menge A_3 besteht aus allen monotonen α- oder γ-Funktionen. Trivial ist $\{et, vel, k_0\}$ Basis von A_3 und die Ordnung von A_3 gleich 2.

Die Menge C_3 besteht aus allen α- oder γ-Funktionen; $\{vel, aut\}$ ist eine Basis von C_3, die Ordnung dieser Menge ist gleich 2.

Außerdem existieren noch die Mengen S_5 und L_3.

In Abb. 8 ist der Postsche Graph dieser Mengen dargestellt.

Es sind nun noch die abgeschlossenen $\langle\alpha, \beta\rangle$-Mengen aus F_4^2 und die $\langle\alpha, \gamma\rangle$-Mengen aus F_8^2 zu untersuchen. Ihnen wenden wir uns in § 10 zu.

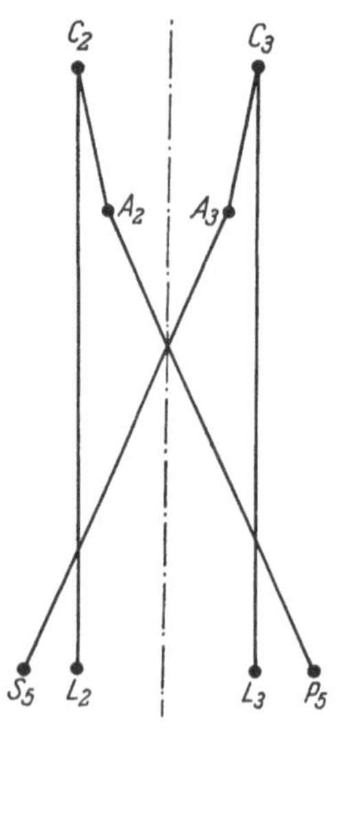

Abb. 8

§ 9. $\langle\alpha\rangle$-Mengen (zweiter Teil)

Wie bereits in § 6 angekündigt, sind bei der vollständigen Untersuchung abgeschlossener $\langle\alpha\rangle$-Mengen $\mathfrak{M}$ noch zwei Fälle zu beachten.

1. $\langle\alpha\rangle$-Mengen aus F_8^2, die eine nichtselbstduale Funktion, d. h. eine Funktion, die nicht 0-separierend vom Grade 2 ist, enthalten.

2. $\langle\alpha\rangle$-Mengen aus F_4^2, die eine nichtselbstduale Funktion, d. h. eine Funktion, die nicht 1-separierend vom Grade 2 ist, enthalten.

Im ersten Falle sind zwei Unterfälle möglich:

a) $\mathfrak{M}$ enthält eine nichtmonotone Funktion.

Die Menge F_5^∞ besteht aus allen 1-separierenden α-Funktionen, die Menge $\{g\}$ mit $g(x, y, z) =_{\mathrm{Df}} x\,(y \vee \bar{z})$ ist eine Basis (siehe Lemma 23), und die Ordnung ist gleich 3 (siehe Lemma 31).

Die Menge F_5^μ besteht aus allen α-Funktionen, die 1-separierend vom Grade μ sind. F_5^μ hat als Basis die Menge $\{g, h_\mu\}$ (siehe Lemma 33) und die Ordnung $\mu + 1$ (siehe Lemma 37).

Wir zeigen, daß damit alle abgeschlossenen $\langle\alpha\rangle$-Mengen von Funktionen aus F_8^2, die eine nichtselbstduale sowie eine nichtmonotone Funktion enthalten, aufgezählt sind. Dazu sei eine beliebige derartige Menge $\mathfrak{M}$ gegeben. Dann hat man wegen Lemma 24 $\mathfrak{M} \supseteq F_5^\infty$. Ist $\mathfrak{M} \neq F_5^\infty$, so gilt $\mathfrak{M} = F_5^\mu$ für ein gewisses μ mit $\mu = 2, 3, \ldots$ wegen der Lemmata 32, 33.

b) $\mathfrak{M}$ besteht aus monotonen Funktionen.

Die Menge F_6^∞ besteht aus allen monotonen 1-separierenden α-Funktionen. F_6^∞ hat $\{g\}$ mit $g(x, y, z) =_{\mathrm{Df}} x\,(y \vee z)$ als Basis (siehe Lemma 27) und die Ordnung 3 (siehe Lemma 31).

Die Menge F_6^μ $(\mu = 2, 3, \ldots)$ besteht aus allen monotonen α-Funktionen, aus F_8^μ. F_6^μ hat für $\mu = 2$ die Basis $\{g, h_2\}$ und für $\mu \geqq 3$ die Basis $\{h_\mu\}$ (siehe Lemma 35). Die Ordnung von F_6 ist gleich $\mu + 1$ (siehe Lemma 37).

Wir zeigen, daß damit alle von P_1 verschiedenen abgeschlossenen $\langle\alpha\rangle$-Mengen monotoner Funktionen aus F_8^2, die eine nichtselbstduale Funktion enthalten, erfaßt sind. Dazu sei eine derartige Menge $\mathfrak{M}$ gegeben. Wegen Lemma 28 ist $\mathfrak{M} \supseteq F_6^\infty$. Wenn $\mathfrak{M} \neq F_6^\infty$, so gilt wegen der Lemmata 32 und 35 $\mathfrak{M} = F_6^\mu$ für ein gewisses μ mit $\mu = 2, 3, \ldots$. Zufolge unserer Bemerkung auf Seite 31 gilt $F_5^2 \supset F_5^3 \supset \cdots \supset F_5^\mu \cdots \supset F_5^\infty$ und $F_6^2 \supset F_6^3 \supset \cdots \supset F_6^\mu \supset \cdots \supset F_6^\infty$.

Aus der Konstruktion ist ersichtlich, daß die Elemente der ersten Kette alle diejenigen abgeschlossenen $\langle\alpha\rangle$-Mengen aus F_8^2 sind, die eine nichtselbstduale und eine nichtmonotone Funktion enthalten. Die Elemente der zweiten Kette sind alle die von P_1 verschiedenen abgeschlossenen $\langle\alpha\rangle$-Mengen monotoner Funktionen aus F_8^2, die eine nichtselbstduale Funktion enthalten. Es ist klar, daß diese Ketten nicht echt verfeinert werden können. Aus Lemma 28 folgt, daß $F_5^\infty \supset F_6^\infty$ und $F_5^\mu \supset F_6^\mu$. Ferner ist wegen Lemma 24 F_6^∞ Postsche Klasse von F_5^∞ und wegen der Lemmata 24, 33 und 35 ist für jedes μ mit $\mu = 2, 3, \ldots$ die Menge F_6^μ Postsche Klasse von F_5^μ. Damit ist der erste Fall vollständig diskutiert.

Wir wenden uns nun dem zweiten Fall zu.

Durch Anwendung des Dualitätsprinzips gewinnen wir alle die von S_1 verschiedenen abgeschlossenen $\langle\alpha\rangle$-Mengen aus F_4^2, die eine nichtselbstduale Funktion enthalten.

Die Menge F_1^∞ besteht aus allen 0-separierenden α-Funktionen, die Menge $\{g\}$ mit $g(x, y, z) =_{\mathrm{Df}} x \vee y\bar{z}$ ist eine Basis dieser Menge, und die Ordnung von F_1^∞ ist gleich 3.

Die Menge F_1^μ $(\mu = 2, 3, \ldots)$ besteht aus allen α-Funktionen, die 0-separierend vom Grade μ sind, $\{g, h_\mu^*\}$ ist Basis von F_1^μ, und die Ordnung von F_1^μ ist gleich $\mu + 1$.

Die Menge F_2^∞ besteht aus allen 0-separierenden monotonen α-Funktionen. F_2^∞ hat $\{g_1\}$ mit $g_1(x, y, z) =_{\mathrm{Df}} x \vee yz$ als Basis und die Ordnung 3.

Die Menge F_2^μ $(\mu = 2, 3, \ldots)$ besteht aus allen monotonen α-Funktionen, die 0-separierend vom Grade μ sind. Für $\mu = 2$ ist $\{g_1, h_2^*\}$, und für $\mu \geqq 3$ ist $\{h_\mu^*\}$ Basis von F_2^μ. Die Ordnung von F_2^μ ist gleich $\mu + 1$. In Abb. 9 ist der Postsche Graph dieser Mengen dargestellt.

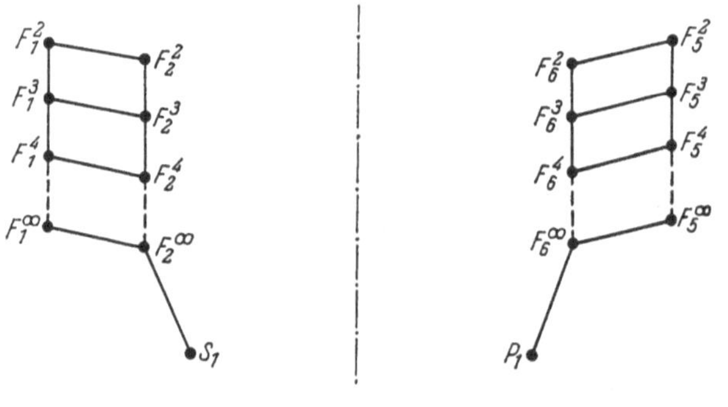

Abb. 9

Die beiden Graphen abgeschlossener $\langle\alpha\rangle$-Mengen (siehe Abb. 6 und 9) vereinigen wir nun, indem wir feststellen, welche Mengen des ersten Graphen Postsche Klassen von Mengen des zweiten Graphen sind und umgekehrt. Zunächst überprüfen wir, welche Mengen des Graphen von Abb. 6 Postsche Mengen von Mengen des rechten Teiles unseres Graphen von Abb. 9 sind. Die letztgenannten Mengen sind bekanntlich Teilmengen aus F_8^2. Man findet nun leicht, daß nur die Mengen D_2 und O_1 Teilmengen von F_8^2 sind. Es wurde ferner bereits gezeigt, daß O_1 Postsche Klasse von P_1 ist. Da die Menge $\{h\}$ mit $h(x, y, z) =_{\mathrm{Df}} xy \vee xz \vee yz$ eine Basis von D_2 ist (siehe Lemma 9), da diese Menge darüber hinaus in F_6^2 enthalten ist (siehe Lemma 35) und nicht zu F_6^3 gehört, folgt trivial, daß D_2 Postsche Klasse von F_6^2 ist.

Nun überlegen wir, welche Mengen des rechten Teiles von Abb. 9 Postsche Klassen von Mengen unseres Graphen in Abb. 6 sind. Es bestehen, wie wir bereits zeigten, alle Mengen des Graphen von Abb. 6 entweder aus selbstdualen Funktionen oder sie enthalten die Funktionen *et* und *vel*. Es ist klar, daß keine Menge des rechten Teiles von Abb. 9 Postsche Klasse einer Menge selbstdualer Funktionen sein kann (vergleiche hierzu die Definitionen dieser Mengen). Die verbleibenden Mengen sind C_4 und A_4. Aus den Definitionen von C_4, A_4, F_5^2 und F_6^2 folgt, daß

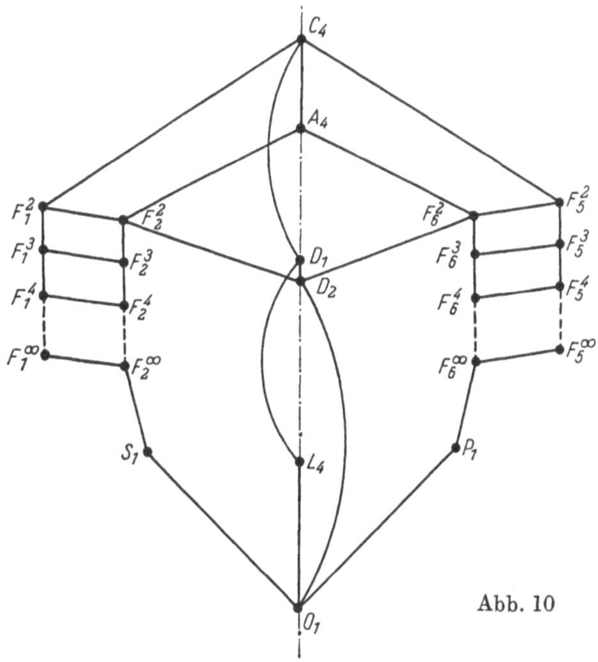

Abb. 10

F_5^2 Teilmenge von C_4 und F_6^2 Teilmenge von A_4 ist. Da A_4 ferner aus monotonen Funktionen besteht, jede der Mengen F_5^μ und F_5^∞ aber eine nichtmonotone Funktion enthält, folgt, daß F_5^2 Postsche Klasse von C_4 und F_6^2 Postsche Klasse von A_4 ist. Dual hierzu ist D_2 Postsche Klasse von F_2^2; F_1^2 Postsche Klasse von C_4; F_2^2 Postsche Klasse von A_4 und O_1 Postsche Klasse von S_1. In Abb. 10 ist der Postsche Graph aller abgeschlossenen $\langle\alpha\rangle$-Mengen dargestellt.

§ 10. $\langle\alpha, \beta\rangle$-, $\langle\alpha, \gamma\rangle$-Mengen (zweiter Teil)

In § 8 haben wir bereits angemerkt, daß eine vollständige Untersuchung abgeschlossener $\langle\alpha, \beta\rangle$- und $\langle\alpha, \gamma\rangle$-Mengen noch erfordert:

1. Die Untersuchung von $\langle\alpha, \beta\rangle$-Mengen aus F_4^2;
2. die Untersuchung von $\langle\alpha, \gamma\rangle$-Mengen aus F_8^2.

Aus Gründen der Dualität genügt es, Fall 2 zu betrachten. Es sind zwei Unterfälle möglich:

a) Die betrachtete Menge enthält eine nichtmonotone Funktion.

Die Menge F_8^∞ besteht aus allen 1-separierenden Funktionen, $\{g\}$ mit $g(x, y) =_{\mathrm{Df}} x \cdot \bar{y}$ ist Basis von F_8^∞ (siehe Lemma 25), und die Ordnung von F_8 ist gleich 2 (siehe Lemma 31).

Die Menge F_8^μ ($\mu = 2, 3, \ldots$) besteht aus allen Funktionen, die 1-separierend vom Grade μ sind. Es ist $\{g, h_\mu\}$ eine Basis von F_8^μ (siehe Lemma 34), und die Ordnung von F_8^μ ist gleich $\mu + 1$ (siehe Lemma 37).

Wir zeigen, daß damit alle abgeschlossenen $\langle\alpha, \gamma\rangle$-Mengen aus F_8^2, die eine nichtmonotone Funktion enthalten, erfaßt sind. Dazu sei $\mathfrak{M}$ eine derartige Menge. Wegen Lemma 26 ist $\mathfrak{M} \supseteq F_8^\infty$. Gilt nun $\mathfrak{M} \neq F_8^\infty$, so ist zufolge der Lemmata 32 und 34 $\mathfrak{M} = F_8^\mu$ für ein gewisses μ mit $\mu = 2, 3, \ldots$

b) Die betrachtete Menge besteht aus monotonen Funktionen.

Die Menge F_7^∞ besteht aus allen monotonen 1-separierenden Funktionen, $\{k_0, g_1\}$ mit $g_1(x, y, z) =_{\mathrm{Df}} x\,(y \vee z)$ ist eine Basis von F_7^∞ (siehe Lemma 29), und die Ordnung von F_7^∞ ist gleich 3 (siehe Lemma 31).

Die Menge F_7^μ ($\mu = 2, 3, \ldots$) besteht aus allen monotonen Funktionen, die 1-separierend vom Grade μ sind. Es ist $\{k_0, h_\mu\}$ eine Basis von F_7^μ (siehe Lemma 36). Die Ordnung von F_7^μ ist gleich $\mu + 1$ (siehe Lemma 37).

Wir zeigen, daß damit alle von O_6 und P_3 verschiedenen abgeschlossenen $\langle\alpha, \gamma\rangle$-Mengen monotoner Funktionen aus F_8^2 erfaßt sind. Dazu sei $\mathfrak{M}$ eine derartige Menge. Wegen Lemma 30 gilt $\mathfrak{M} \supseteq F_7^\infty$. Ist nun $\mathfrak{M} \neq F_7^\infty$, so fällt $\mathfrak{M}$ zufolge der Lemmata 32 und 36 mit einer der Mengen F_7^μ

($\mu = 2, 3, \ldots$) zusammen. Aus unseren Bemerkungen auf Seite 31 folgt $F_8^2 \supset F_8^3 \supset \cdots \supset F_8^\mu \supset \cdots \supset F_8^\infty$ und $F_7^2 \supset F_7^3 \supset \cdots \supset F_7^\mu \supset \cdots \supset F_7^\infty$. Nach Konstruktion besteht die erste Kette aus allen denjenigen abgeschlossenen $\langle\alpha,\gamma\rangle$-Mengen von F_8^2, die eine nichtmonotone Funktion enthalten. Die zweite Kette besteht aus allen den abgeschlossenen $\langle\alpha,\gamma\rangle$-Mengen monotoner Funktionen aus F_8^2, die von O_6 und P_3 verschieden sind. Es ist klar, daß diese Ketten nicht echt verfeinert werden können. Man sieht leicht ein, daß $P_3 \subset F_7^\infty$, $F_7^\infty \subset F_8^\infty$ und $F_7^\mu \subset F_8^\mu$. Weiter folgt aus den Lemmata 26, 30, 34 und 36, daß P_3 Postsche Klasse von F_7^∞, F_7^∞ Postsche Klasse von F_8^∞ und F_7^μ Postsche Klasse von F_8^μ ist. Damit ist der zweite Fall vollständig diskutiert.

Wenden wir das Dualitätsprinzip an, so können wir alle von O_5 und S_3 verschiedenen abgeschlossenen $\langle\alpha,\beta\rangle$-Mengen aus F_4^2 angeben.

Die Menge F_4^∞ besteht aus allen 0-separierenden Funktionen, $\{g\}$ mit $g(x, y) =_{\mathrm{Df}} x \vee \bar{y}$ ist Basis von F_4^∞, und die Ordnung von F_4^∞ ist gleich 2.

Die Menge F_4^μ ($\mu = 2, 3, \ldots$) besteht aus allen Funktionen, die 0-separierend vom Grade μ sind. Die Menge $\{g, h_\mu^*\}$ ist Basis, und die Ordnung von F_4^μ ist gleich $\mu + 1$. In Abb. 11 ist der Postsche Graph für diese Mengen dargestellt.

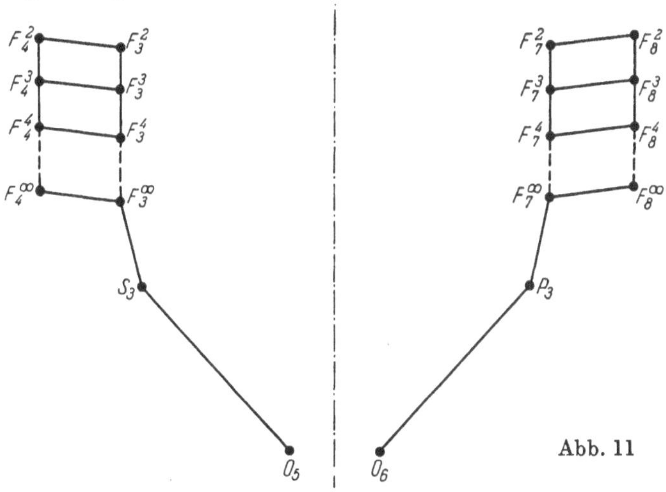

Abb. 11

Wir vereinigen nun die in Abb. 8 und 11 konstruierten Graphen der abgeschlossenen $\langle\alpha,\beta\rangle$- und $\langle\alpha,\gamma\rangle$-Mengen. Aus Gründen der Dualität genügt es, den Graphen für alle abgeschlossenen $\langle\alpha,\beta\rangle$-Mengen zu vervollständigen.

Zunächst überprüfen wir, welche abgeschlossenen $\langle\alpha, \beta\rangle$-Mengen des Graphen von Abb. 11 (genauer: des linken Teiles dieses Graphen) Postsche Klassen von Mengen des Graphen von Abb. 8 sind. Aus den Definitionen von C_2, A_2, F_3^2 und F_4^2 folgt $F_4^2 \subseteq C_2$ und $F_3^2 \subseteq A_2$. Die Menge A_2 besteht aus monotonen Funktionen, L_2 aus linearen Funktionen, und jede Menge F_4^μ und F_4^∞ enthält eine nichtmonotone Funktion sowie eine nichtlineare Funktion. Folglich ist F_4^2 Postsche Klasse von C_2. Da ferner S_3 nicht in P_5 als Teilmenge enthalten ist, so ist F_3^2 Postsche Klasse von A_2. Außerdem ist uns schon bekannt (siehe §§ 1, 2), daß O_5 Postsche Klasse von L_2 und P_5 ist.

Wir zeigen nun, daß keine abgeschlossene $\langle\alpha, \beta\rangle$-Menge des Graphen von Abb. 8 Teilmenge von Mengen des linken Teiles unseres Graphen von Abb. 11 ist. Die Behauptung folgt aus der Tatsache, daß alle letztgenannten Mengen Teilmengen von F_4^2 sind, während das für die erstgenannten nicht zutrifft.

Dual zu den eben gefundenen Beziehungen gilt:
F_8^2 ist Postsche Klasse von C_3, F_7^2 ist Postsche Klasse von A_3, und O_6

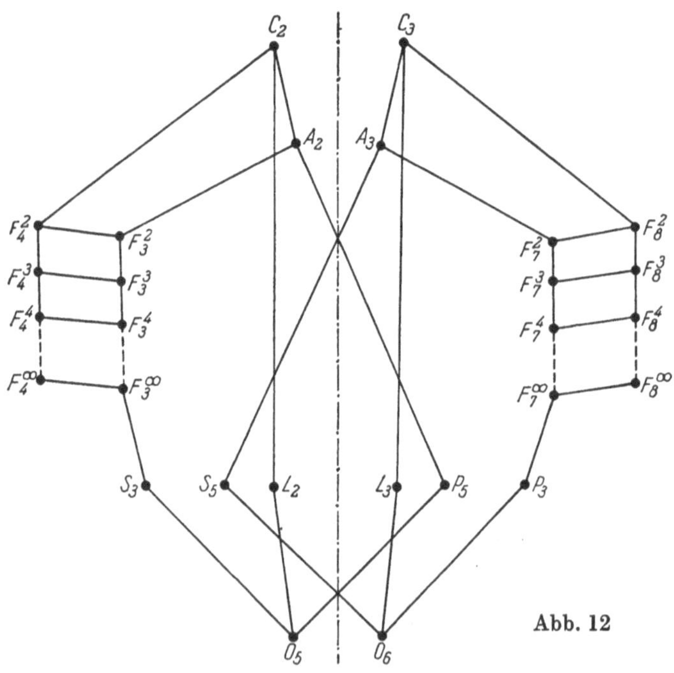

Abb. 12

ist Postsche Klasse von L_3 und S_5. In Abb. 12 ist der Postsche Graph dieser Mengen dargestellt.

§ 11. Die Hauptsätze von Post über abgeschlossene Mengen Boolescher Funktionen

Wir formulieren in diesem Paragraphen einige Sätze, die von E. L. Post stammen. Die Beweise sind unmittelbare Folgerungen aus den vorangestellten Untersuchungen.

Satz 7. *Es existiert keine abgeschlossene Menge* Boole*scher Funktionen, die verschieden ist von*

$$O_i,\ i = 1, \ldots, 9; \qquad A_i,\ i = 1, \ldots, 4;$$
$$P_i,\ i = 1, 3, 5, 6; \qquad C_i,\ i = 1, \ldots, 4;$$
$$S_i,\ i = 1, 3, 5, 6; \qquad F_j^\infty,\ j = 1, \ldots, 8;$$
$$L_i,\ i = 1, \ldots, 5; \qquad F_j^\mu,\ j = 1, \ldots, 8,\ \mu = 2, 3, \ldots$$
$$D_i,\ i = 1, 2, 3;$$

Das heißt, mit der vorangegangenen Aufzählung sind alle abgeschlossenen Mengen Boole*scher Funktionen erfaßt.*

Satz 8. *Die Menge aller abgeschlossenen Mengen* Boole*scher Funktionen ist abzählbar.*

Satz 9. *Jede abgeschlossene Menge* Boole*scher Funktionen hat eine endliche Basis.*

Satz 10. *In der Menge der* Boole*schen Funktionen existieren*

a) *drei abgeschlossene Mengen der Ordnung* 0: O_2, O_3, O_7;

b) *sechs abgeschlossene Mengen der Ordnung* 1: O_1, O_4, O_5, O_6, O_8, O_9;

c) *zwanzig abgeschlossene Mengen der Ordnung* 2: P_1, P_3, P_5, P_6; S_1, S_3, S_5, S_6; L_1, L_2, L_3; A_1, A_2, A_3, A_4; C_1, C_2, C_3; F_4^∞; F_8^∞;

d) *zwanzig abgeschlossene Mengen der Ordnung* 3: C_4; L_4, L_5; D_1, D_2, D_3; F_1^∞, F_2^∞, F_3^∞, F_5^∞, F_6^∞, F_7^∞; F_j^2, $j = 1, \ldots, 8$;

e) *für jedes* $\mu \geqq 3$ *acht abgeschlossene Mengen der Ordnung* $\mu + 1$: F_j^μ; $j = 1, \ldots, 8$.

Kapitel VI

Die Konstruktion des Postschen Graphen aller abgeschlossenen Mengen

Bei der Konstruktion des Postschen Graphen aller abgeschlossenen Mengen gehen wir naturgemäß von den im einzelnen bereits erarbeiteten Graphen aus (siehe Abb. 1 bis 5, 7, 10, 12). Durch Zusammenfügen aller dieser Graphen entsteht der in Abb. 13 angegebene.

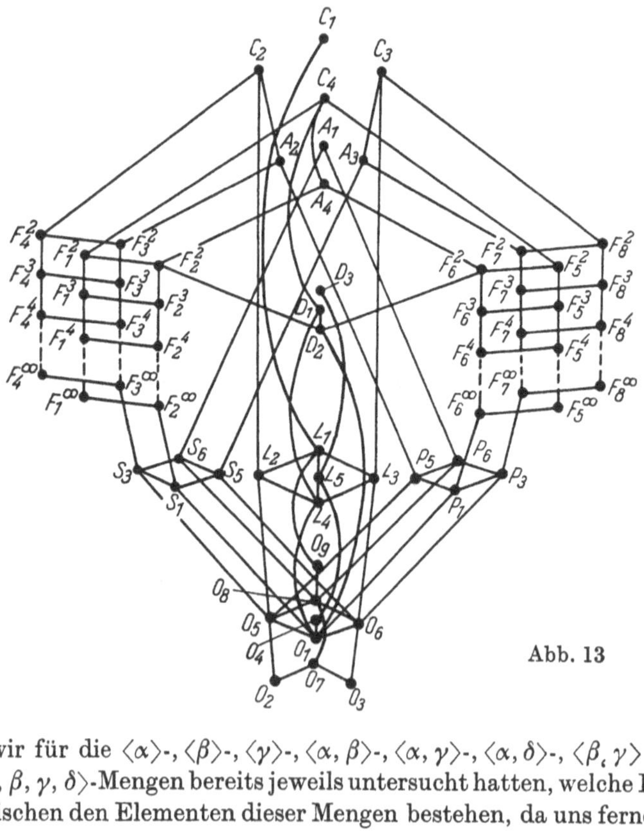

Abb. 13

Da wir für die $\langle\alpha\rangle$-, $\langle\beta\rangle$-, $\langle\gamma\rangle$-, $\langle\alpha,\beta\rangle$-, $\langle\alpha,\gamma\rangle$-, $\langle\alpha,\delta\rangle$-, $\langle\beta,\gamma\rangle$ $\langle\alpha,\beta,\gamma\rangle$- und $\langle\alpha,\beta,\gamma,\delta\rangle$-Mengen bereits jeweils untersucht hatten, welche Beziehungen zwischen den Elementen dieser Mengen bestehen, da uns ferner die Relationen zwischen den $\langle\beta\rangle$-, $\langle\gamma\rangle$- sowie $\langle\beta,\gamma\rangle$-Mengen und den oben aufgeführten Mengen bekannt sind, haben wir noch die Beziehungen zwischen den $\langle\alpha\rangle$-, $\langle\alpha,\beta\rangle$-, $\langle\alpha,\gamma\rangle$-, $\langle\alpha,\delta\rangle$-, $\langle\alpha,\beta,\gamma\rangle$- und $\langle\alpha,\beta,\gamma,\delta\rangle$-Mengen zu analysieren. Wir beginnen mit den $\langle\alpha\rangle$-Mengen und gehen dann schrittweise zu Mengen mit komplizierteren Fundamenten über.

§ 1. $\langle\alpha\rangle$-Mengen

Es sei $\mathfrak{M}$ eine beliebige abgeschlossene $\langle\alpha\rangle$-Menge. Ist $\mathfrak{M}$ Teilmenge einer abgeschlossenen Menge $\mathfrak{M}'$, wobei $\mathfrak{M}'$ selbst nicht $\langle\alpha\rangle$-Menge ist, so ist $\mathfrak{M}$ Teilmenge einer Menge $\mathfrak{M}''$ von $\mathfrak{M}'$, und $\mathfrak{M}''$ ist entweder eine abgeschlossene $\langle\alpha,\gamma\rangle$- oder eine abgeschlossene $\langle\alpha,\delta\rangle$- oder eine abgeschlossene $\langle\alpha,\beta\rangle$-Menge. Kommt nämlich in $\mathfrak{M}'$ eine β- (bzw. eine γ-) Funktion vor, so ist $\mathfrak{M}'' = [\mathfrak{M} \cup \{k_1\}] \subseteq \mathfrak{M}'$ (bzw. $\mathfrak{M}'' = [\mathfrak{M} \cup \{k_0\}] \subseteq \subseteq \mathfrak{M}'$), und $\mathfrak{M}''$ ist $\langle\alpha,\beta\rangle$-Menge (bzw. $\langle\alpha,\gamma\rangle$-Menge). Enthält $\mathfrak{M}'$ aber weder eine β- noch eine γ-Funktion, so ist $\mathfrak{M}$ eine $\langle\alpha,\delta\rangle$-Menge. Daher genügt es, sich bei der Untersuchung der Beziehungen zwischen abgeschlossenen $\langle\alpha\rangle$-Mengen und abgeschlossenen Mengen anderen Typs auf die Analyse der Relationen zwischen abgeschlossenen $\langle\alpha\rangle$-Mengen und abgeschlossenen $\langle\alpha,\beta\rangle$-, $\langle\alpha,\gamma\rangle$- und $\langle\alpha,\delta\rangle$-Mengen zu beschränken. Dabei ist es klar, daß es zu jeder zu betrachtenden $\langle\alpha,\beta\rangle$-Menge $\mathfrak{M}$ (bzw. $\langle\alpha,\gamma\rangle$-Menge $\mathfrak{N}$) eine abgeschlossene $\langle\alpha\rangle$-Menge $\mathfrak{M}'$ (bzw. $\mathfrak{N}'$) gibt, so daß $\mathfrak{M} = [\mathfrak{M}' \cup \{k_1\}]$ bzw. $\mathfrak{N} = [\mathfrak{N}' \cup \{k_0\}]$. Ferner gibt es zu jeder zu untersuchenden $\langle\alpha,\delta\rangle$-Menge $\mathfrak{L}$ eine abgeschlossene $\langle\alpha\rangle$-Menge $\mathfrak{L}'$ selbstdualer Funktionen, so daß $\mathfrak{L} = [\mathfrak{L}' \cup \{non\}]$. (Die Beschränkung auf $\langle\alpha\rangle$-Mengen selbstdualer Funktionen ist deshalb nötig, weil wegen Lemma 3 die Menge $[\mathfrak{M} \cup \{non\}]$ eine $\langle\alpha,\beta,\gamma,\delta\rangle$-Menge ist.)

Bemerkung 1. Es sei $g \in \langle\!\langle k_1 \rangle\!\rangle$ oder $g \in \langle\!\langle k_0 \rangle\!\rangle$ oder $g \in \langle\!\langle non \rangle\!\rangle$. Dann gilt, wie man leicht prüft: Wenn für zwei abgeschlossene Mengen $\mathfrak{M}_1$ und $\mathfrak{M}_2$, die g nicht enthalten, die Beziehungen $\mathfrak{M}_1 \subset \mathfrak{M}_2$ und $[\mathfrak{M}_1 \cup \{g\}] = = \mathfrak{N} = [\mathfrak{M}_2 \cup \{g\}]$ erfüllt sind, so ist $\mathfrak{M}_1$ keine Postsche Klasse von $\mathfrak{N}$. Hieraus schließen wir, daß eine abgeschlossene Menge $\mathfrak{M}$ nur dann Postsche Klasse von $[\mathfrak{M} \cup \{g\}]$ ist, wenn keine abgeschlossene Menge $\mathfrak{M}'$ mit $g \notin \mathfrak{M}'$ existiert, für die $\mathfrak{M} \subset \mathfrak{M}'$ und $[\mathfrak{M} \cup \{g\}] = [\mathfrak{M}' \cup \{g\}]$ gilt.

Bemerkung 2. Aus dem bereits Bewiesenen folgt, daß alle $\langle\alpha\rangle$-Mengen, die Postsche Klassen von abgeschlossenen Mengen eines anderen Typs sind, wie folgt bestimmt werden können:

1. Durch Untersuchung aller $\langle\alpha,\beta\rangle$-, $\langle\alpha,\gamma\rangle$- und $\langle\alpha,\delta\rangle$-Mengen der Form $[\mathfrak{M} \cup \{g\}]$, wobei g eine der Funktionen k_0, k_1 oder non ist;

2. durch Auswahl der bezüglich „$\subseteq$" maximalen abgeschlossenen $\langle\alpha\rangle$-Mengen $\mathfrak{M}$, für die $[\mathfrak{M} \cup \{g\}]$ eine abgeschlossene $\langle\alpha, \beta\rangle$-, $\langle\alpha, \gamma\rangle$- oder $\langle\alpha, \delta\rangle$-Menge ist.

Dabei genügt es, wie wir schon zeigten, die $\langle\alpha\rangle$-Mengen selbstdualer Funktionen zu betrachten, um alle $\langle\alpha, \delta\rangle$-Mengen zu erfassen.

Wir gehen nun dazu über, diejenigen abgeschlossenen $\langle\alpha\rangle$-Mengen, die Postsche Klassen von abgeschlossenen $\langle\alpha, \beta\rangle$-, $\langle\alpha, \gamma\rangle$- und $\langle\alpha, \delta\rangle$-Mengen sind, zu bestimmen. Wegen des Dualitätsprinzips werden nur die $\langle\alpha, \beta\rangle$- und $\langle\alpha, \delta\rangle$-Mengen ausführlich betrachtet.

1. Wir vereinigen jede abgeschlossene $\langle\alpha\rangle$-Menge mit $\{k_1\}$ und bilden die Hülle dieser Vereinigungsmenge. Dann erhalten wir die folgenden Aussagen:

$[C_4 \cup \{k_1\}] = C_2$ (siehe Lemma 18 und beachte die Basis von C_4);
$[D_1 \cup \{k_1\}] = C_2$ (siehe Lemma 19 und beachte die Basis von D_1 sowie die Definitionen von D_1 und C_2);
$[F_5^\infty \cup \{k_1\}] = C_2$ (siehe Lemma 19 und beachte die Basis von F_5^∞);
$[F_5^\mu \cup \{k_1\}] = C_2$ (siehe Lemma 19 und beachte die Basis von F_5^μ);
$[A_4 \cup \{k_1\}] = A_2$ (beachte die Basen von A_2 und A_4);
$[F_6^\infty \cup \{k_1\}] = A_2$ (es gilt $et \in F_6^\infty$ und $1 \cdot (y \vee z) = y \vee z$, beachte ferner Basen und Definitionen von A_2 und F_6^∞);
$[F_6^\mu \cup \{k_1\}] = A_2$ (es gilt $et \in F_6^\mu$ und $1 \cdot (y \vee z) = y \vee z$, beachte ferner Basen und Definitionen von A_2 und F_6^μ);
$[L_4 \cup \{k_1\}] = L_2$ (beachte die Basen von L_2 und L_4);
$[P_1 \cup \{k_1\}] = P_5$ (beachte die Basen von P_1 und P_5);
$[S_1 \cup \{k_1\}] = S_3$ (beachte die Basen von S_1 und S_3);
$[O_1 \cup \{k_1\}] = O_5$ (beachte die Basen von O_1 und O_5);
$[F_1^\infty \cup \{k_1\}] = F_4^\infty$ (es gilt $x \vee 1 \cdot \bar{z} = x \vee \bar{z}$, beachte ferner Basen und Definitionen von F_1^∞ und F_4^∞);
$[F_1^\mu \cup \{k_1\}] = F_4^\mu$ (beachte die Basen und Definitionen von F_1^μ und F_4^μ);
$[F_2^\infty \cup \{k_1\}] = F_3^\infty$ (beachte die Basen und Definitionen von F_2^∞ und F_3^∞);
$[F_2^\mu \cup \{k_1\}] = F_3^\mu$ (beachte die Basen und Definitionen von F_2^μ und F_3^μ);
$[D_2 \cup \{k_1\}] = F_3^2$ (es gilt $F_3^2 = [\{h_2^*, k_1\}]$, siehe Lemma 36).

Aus diesen Gleichungen, Bemerkung 2 und den Beziehungen

$$F_6^\infty \subset \cdots \subset F_6^\mu \subset \cdots \subset F_6^3 \subset F_6^2 \subset A_4\,,$$
$$F_5^\infty \subset \cdots \subset F_5^\mu \subset \cdots \subset F_5^3 \subset F_5^2 \subset C_4\,,$$
$$D_1 \subset C_4\,, \quad D_2 \subset F_2^2$$

folgt:

abgeschlossene ⟨α⟩-Menge	Postsche Klasse von:
C_4	C_2
A_4	A_2
L_4	L_2
P_1	P_5
S_1	S_3
O_1	O_5
F_1^∞	F_4^∞
F_1^μ	F_4^μ
F_2^∞	F_3^∞
F_2^μ	F_3^μ

2. Dual hierzu findet man:

abgeschlossene ⟨α⟩-Menge	Postsche Klasse von
C_4	C_3
A_4	A_3
L_4	L_3
S_1	S_5
P_1	P_3
O_1	O_6
F_5^∞	F_8^∞
F_5^μ	F_8^μ
F_6^∞	F_7^∞
F_6^μ	F_7^μ

3. Wir vereinigen jede abgeschlossene ⟨α⟩-Menge (d. h. wegen § 7, Kapitel V, die Mengen D_1, D_2, L_4 und O_1) mit $\{non\}$ und bilden die Hülle dieser Vereinigungsmenge. Dann gilt:

$[D_1 \cup \{non\}] = D_3$ (beachte Basen und Definitionen von D_1 und D_3);
$[D_2 \cup \{non\}] = D_3$ (beachte Basen und Definitionen von D_2 und D_3);
$[L_4 \cup \{non\}] = L_5$ (beachte die Basen von L_4 und L_5);
$[O_1 \cup \{non\}] = O_4$ (beachte die Basen von O_1 und O_4).

Aus diesen Gleichungen, aus Bemerkung 2 und wegen $D_1 \supset D_2$ (siehe Definitionen von D_1 und D_2) folgt:

abgeschlossene ⟨α⟩-Menge	Postsche Klasse von
D_1	D_3
L_4	L_5
O_1	O_4

In Abb. 14 sind die Ergebnisse unserer Untersuchungen graphisch zusammengestellt.

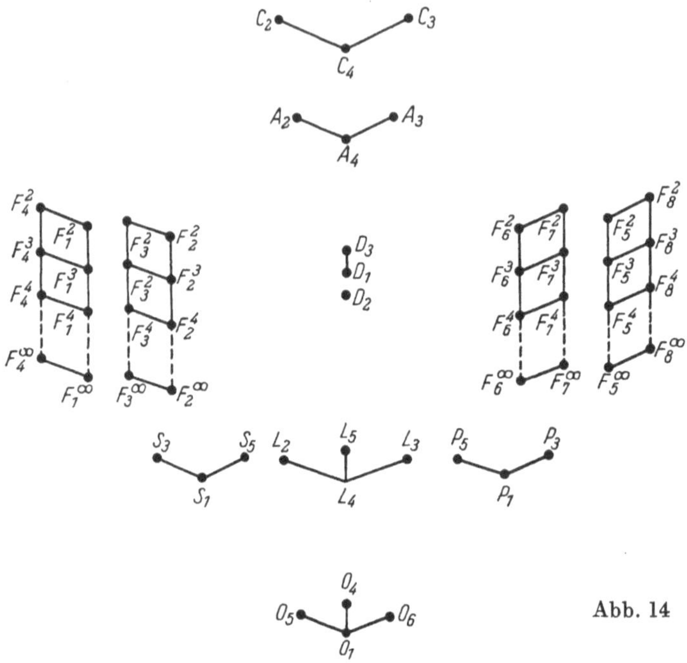

Abb. 14

§ 2. $\langle\alpha,\beta\rangle$- und $\langle\alpha,\gamma\rangle$-Mengen

Zufolge des Dualitätsprinzips genügt es, die $\langle\alpha,\beta\rangle$-Mengen ausführlicher zu betrachten.

1. Es sei $\mathfrak{M}$ eine $\langle\alpha,\beta\rangle$-Menge. Wenn $\mathfrak{M}$ Teilmenge einer abgeschlossenen Menge $\mathfrak{M}'$ ist, wobei $\mathfrak{M}'$ keine $\langle\alpha,\beta\rangle$-Menge ist, so gilt für $\mathfrak{M}'$ a priori: $\mathfrak{M}'$ ist entweder $\langle\alpha,\beta,\gamma\rangle$- oder $\langle\alpha,\beta,\gamma,\delta\rangle$-Menge. Daher bestimmen wir alle abgeschlossenen $\langle\alpha,\beta\rangle$-Mengen, die POSTsche Klassen von abgeschlossenen Mengen eines anderen Typs sind, auf folgende Weise:

a) Durch Untersuchung aller Mengen $[\mathfrak{M} \cup \{k_0\}]$, wobei $\mathfrak{M}$ eine abgeschlossene $\langle\alpha,\beta\rangle$-Menge ist,

b) durch Auswahl der bezüglich „$\subseteq$" maximalen $\langle\alpha,\beta\rangle$-Mengen $\mathfrak{M}$, für die $[\mathfrak{M} \cup \{k_0\}]$ eine abgeschlossene $\langle\alpha,\beta,\gamma\rangle$- oder $\langle\alpha,\beta,\gamma,\delta\rangle$-Menge ist.

Wir führen nun diese Untersuchungen aus. Dazu vereinigen wir jede abgeschlossene $\langle\alpha, \beta\rangle$-Menge mit $\{k_0\}$ und bilden die Hülle dieser Vereinigungsmenge. Dann gilt:

$[C_2 \cup \{k_0\}] = C_1$ (siehe Folgerung 1 aus Satz 3 und beachte die Basis von C_2);
$[F_4^\infty \cup \{k_0\}] = C_1$ (siehe Folgerung 1 aus Satz 3 und beachte die Basis von F_4^∞);
$[F_4^\mu \cup \{k_0\}] = C_1$ (siehe Folgerung 1 aus Satz 3 und beachte die Basis von F_4^μ);
$[A_2 \cup \{k_0\}] = A_1$ (beachte die Basen von A_1 und A_2);
$[F_3^\infty \cup \{k_0\}] = A_1$ (beachte die Basen und Definitionen von A_1 und F_3^∞);
$[F_3^\mu \cup \{k_0\}] = A_1$ (beachte die Basen und Definitionen von A_1 und F_3^μ);
$[L_2 \cup \{k_0\}] = L_1$ (beachte die Basen von L_1 und L_2);
$[P_5 \cup \{k_0\}] = P_6$ (beachte die Basen von P_5 und P_6);
$[S_3 \cup \{k_0\}] = S_6$ (beachte die Basen von S_3 und S_6);
$[O_5 \cup \{k_0\}] = O_8$ (beachte die Basen von O_5 und O_8).

Aus diesen Gleichungen und den Beziehungen

$$F_3^\infty \subset \cdots \subset F_3^\mu \subset \cdots \subset F_3^3 \subset F_3^2 \subset A_2,$$
$$F_4^\infty \subset \cdots \subset F_4^\mu \subset \cdots \subset F_4^3 \subset F_4^2 \subset C_2$$

folgt:

abgeschlossene $\langle\alpha, \beta\rangle$-Menge	Postsche Klasse von
C_2	C_1
A_2	A_1
L_2	L_1
P_5	P_6
S_3	S_6
O_5	O_8

2. Dual hierzu erhalten wir:

abgeschlossene $\langle\alpha, \gamma\rangle$-Menge	Postsche Klasse von
C_3	C_1
A_3	A_1
L_3	L_1
S_5	S_6
P_3	P_6
O_6	O_8

In Abb. 15 sind die Resultate dieser Untersuchungen graphisch zusammengefaßt.

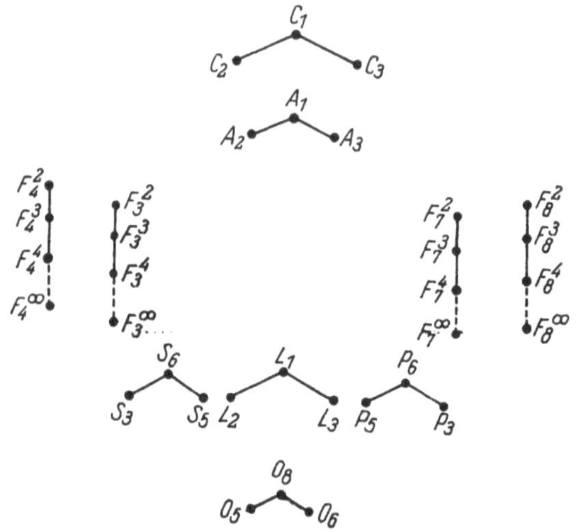

Abb. 15

§ 3. $\langle\alpha, \delta\rangle$-Mengen

Wenn eine abgeschlossene $\langle\alpha, \delta\rangle$-Menge $\mathfrak{M}$ Teilmenge einer abgeschlossenen Menge $\mathfrak{M}'$ ist, wobei $\mathfrak{M}'$ keine $\langle\alpha, \delta\rangle$-Menge ist, so folgt: $\mathfrak{M}'$ ist $\langle\alpha, \beta, \gamma, \delta\rangle$-Menge.

Daher untersuchen wir zur Bestimmung der $\langle\alpha, \delta\rangle$-Mengen, die Postsche Klassen in abgeschlossenen Mengen eines anderen Typs sind, alle Mengen $[\mathfrak{M} \cup \{k_1\}]$, wobei $\mathfrak{M}$ eine abgeschlossene $\langle\alpha, \delta\rangle$-Menge ist.

Wir haben dann:

$[D_3 \cup \{k_1\}] = C_1$ (es gilt $\overline{x\,y \vee x \cdot 1 \vee y \cdot 1} = \overline{x \vee y}$, siehe ferner Folgerung 1 aus Satz 3);
$[L_5 \cup \{k_1\}] = L_1$ (beachte die Basen von L_1 und L_5);
$[O_4 \cup \{k_1\}] = O_9$ (beachte die Basen von O_4 und O_9).

Hieraus folgt:

abgeschlossene $\langle\alpha, \delta\rangle$-Menge	Postsche Klasse von
D_3	C_1
L_5	L_1
O_4	O_9

In Abb. 16 sind die Resultate dieser Untersuchungen zusammengefaßt.

§ 4. $\langle\alpha, \beta, \gamma\rangle$-Mengen

Zur Bestimmung aller abgeschlossenen $\langle\alpha, \beta, \gamma\rangle$-Mengen, die Postsche Klassen in abgeschlossenen Mengen anderen Typs sind, gehen wir wie folgt vor:

1. Untersuchung aller Mengen $[\mathfrak{M} \cup \{non\}]$, wobei $\mathfrak{M}$ eine abgeschlossene $\langle\alpha, \beta, \gamma\rangle$-Menge ist.

Abb. 16

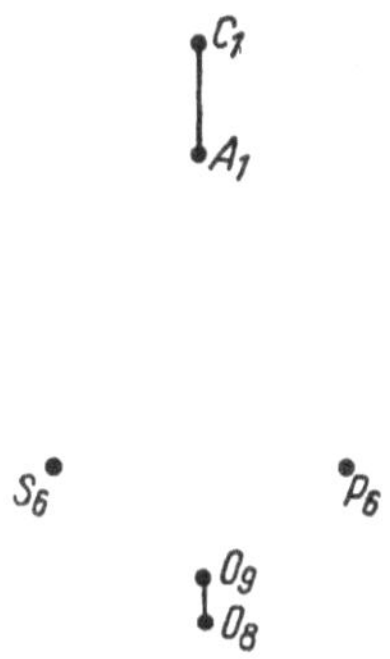

Abb. 17

2. Auswahl der bezüglich „$\subseteq$" maximalen abgeschlossenen $\langle\alpha, \beta, \gamma\rangle$-Mengen $\mathfrak{M}$, für die $[\mathfrak{M} \cup \{non\}]$ eine $\langle\alpha, \beta, \gamma, \delta\rangle$-Menge ist. Wir erhalten:

$[A_1 \cup \{non\}] = C_1$ (siehe Folgerung 1 aus Satz 3 und beachte die Basis von A_1);

$[P_6 \cup \{non\}] = C_1$ (siehe Folgerung 1 aus Satz 3 und beachte die Basis von P_6);

$[S_6 \cup \{non\}] = C_1$ (siehe Folgerung 1 aus Satz 3 und beachte die Basis von S_6);

$[O_8 \cup \{non\}] = O_9$ (beachte die Basen von O_8 und O_9).

Aus diesen Gleichungen und wegen $P_6 \subset A_1$ und $S_6 \subset A_1$ folgt, daß A_1 Postsche Klasse von C_1 und O_8 Postsche Klasse von O_9 ist. In Abb. 17 sind diese Beziehungen graphisch dargestellt.

§ 5. Die Konstruktion des Postschen Graphen aller abgeschlossenen Mengen. Einige Folgerungen

Wir können nun den Postschen Graphen aller abgeschlossenen Mengen angeben. Dazu genügt es, die in Abb. 13 bis 17 konstruierten Graphen zu vereinigen. In Abb. 18 ist dieser Graph dargestellt.

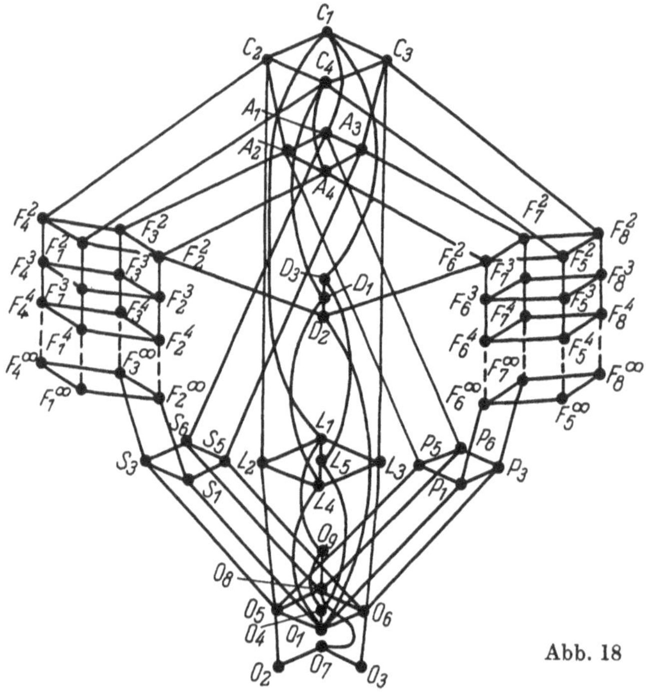

Abb. 18

Es seien $\mathfrak{M}$ und $\mathfrak{M}'$ abgeschlossene Mengen Boolescher Funktionen mit folgenden Eigenschaften: $\mathfrak{M}' \neq \emptyset$, $\mathfrak{M}' \subset \mathfrak{M}$. Dann existiert, wie man dem Postschen Graphen unmittelbar entnimmt, eine Menge $\mathfrak{M}''$ mit $\mathfrak{M}' \subseteq \mathfrak{M}''$, so daß $\mathfrak{M}''$ Postsche Klasse in $\mathfrak{M}$ ist.

Wir können also wie folgt formulieren:

Satz 11. *Für jedes Paar $\mathfrak{M}_1$, $\mathfrak{M}_2$ abgeschlossener Mengen* Boolescher *Funktionen mit $\mathfrak{M}_1 \neq \emptyset$ und $\mathfrak{M}_1 \subset \mathfrak{M}_2$ gilt: $\mathfrak{M}_1$ kann zu einer* Postschen *Klasse in $\mathfrak{M}_2$ vervollständigt werden.*

Weiter folgt:

Satz 12. *Jede abgeschlossene Menge* Boolescher *Funktionen enthält höchstens fünf* Postsche *Klassen.*

Bemerkung. Es ist leicht zu sehen, daß nur C_1 genau fünf Postsche Klassen enthält. Die Mengen O_1, O_2 und O_3 enthalten keine Postschen Klassen.

Satz 13. *Für jede abgeschlossene Menge* $\mathfrak{M}$ BOOLE*scher Funktionen und jede Teilmenge* $\mathfrak{N}$ *von* $\mathfrak{M}$ *gilt:* $\mathfrak{N}$ *ist genau dann vollständig in* $\mathfrak{M}$, *wenn* $\mathfrak{N}$ *in keiner* POST*schen Klasse von* $\mathfrak{M}$ *enthalten ist.*

Beweis.

Notwendigkeit. Wenn $\mathfrak{N}$ Teilmenge einer POSTschen Klasse von $\mathfrak{M}$ ist, so gilt $[\mathfrak{N}] \neq \mathfrak{M}$.

Hinlänglichkeit. Ist $\mathfrak{N}$ nicht vollständig in $\mathfrak{M}$, so gilt $[\mathfrak{N}] \neq \mathfrak{M}$. Hieraus folgt, daß $[\mathfrak{N}]$ und damit auch $\mathfrak{N}$ zu einer POSTschen Klasse von $\mathfrak{M}$ vervollständigt werden kann. Damit ist der Satz bewiesen.

Folgerung 1. *Zu jeder in* $\mathfrak{M}$ *vollständigen Menge* $\mathfrak{N}$ *gibt es eine Teilmenge* $\mathfrak{N}'$, *die aus höchstens fünf Funktionen besteht und ebenfalls vollständig in* $\mathfrak{M}$ *ist.*

Der Beweis ist eine unmittelbare Folgerung aus Satz 12 und 13.

Wir beweisen nun eine Verschärfung:

Satz 14. *Zu jeder in* $\mathfrak{M}$ *vollständigen Menge* $\mathfrak{N}$ *gibt es eine Teilmenge* $\mathfrak{N}'$, *die aus höchstens vier Funktionen besteht und ebenfalls vollständig in* $\mathfrak{M}$ *ist.*

Beweis. Falls $\mathfrak{M} \neq C_1$, so folgt unsere Behauptung sofort aus Satz 12 und 13. Es sei also $\mathfrak{M} = C_1$. Nach Folgerung 1 gibt es zu jeder in $\mathfrak{M}$ vollständigen Menge $\mathfrak{N}$ eine Teilmenge $\mathfrak{N}'$, die aus höchstens fünf Funktionen besteht und die ebenfalls in $\mathfrak{M}$ vollständig ist. Es sind die folgenden Fälle möglich:

1. $\mathfrak{N}'$ enthält eine β- (bzw. γ-Funktion). Es sei dies die Funktion f_1. Es ist klar, daß $f_1 \notin C_3$ und $f_1 \notin D_3$ (bzw. $f_1 \notin C_2$ und $f_1 \notin D_3$). Außerdem gibt es wegen Satz 13 in $\mathfrak{N}'$ die Funktionen f_2, f_3, f_4 mit $f_2 \notin C_2$ (bzw. $f_2 \notin C_3$), $f_3 \notin A_1$ und $f_4 \notin L_1$. Wegen Satz 13 ist aber die Menge $\{f_1, f_2, f_3, f_4\}$ vollständig in C_1.

2. $\mathfrak{N}'$ enthält weder eine β- noch eine γ-Funktion. Dann existiert eine δ-Funktion f_1, die in $\mathfrak{N}'$ liegt, sonst wäre nämlich $\mathfrak{N}' \subseteq C_4$. Wegen Satz 13 gibt es in $\mathfrak{N}'$ ferner eine nichtselbstduale Funktion f_2, eine nichtmonotone Funktion f_3 sowie eine nichtlineare Funktion f_4. Wegen Lemma 3 sind aus f_1 und f_2 die konstanten Funktionen k_0 und k_1 erzeugbar. Also ist die Menge $\{f_1, f_2, f_3, f_4\}$ auch nicht in C_2 und C_3 enthalten und daher zufolge Satz 13 vollständig in C_1. Damit ist der Satz bewiesen.

Folgerung 2. *Jede Basis einer abgeschlossenen Menge* BOOLE*scher Funktionen besteht aus höchstens vier Funktionen.* Diese hier angegebene Schranke läßt sich nicht verbessern, wie man am Beispiel der Basen $\{k_0, k_1, g, et\}$ mit $g(x, y, z) =_{\mathrm{Df}} x \oplus y \oplus z$ und $\{k_0, k_1, et, vel\}$ der Mengen C_1 und A_1 erkennt.

Tabelle der abgeschlossenen Mengen BOOLEscher Funktionen

Nr.	Bezeichnung nach POST	Andere Bezeichnungen	Definition der abgeschlossenen Menge	Fundamenttyp	Beispiel einer Basis	Ordnung
1	O_1		$\langle\!\langle id \rangle\!\rangle$	$\langle \alpha \rangle$	$\{id\}$	1
2	O_2		$\langle\!\langle k_1 \rangle\!\rangle$	$\langle \beta \rangle$	$\{k_1\}$	0
3	O_3		$\langle\!\langle k_0 \rangle\!\rangle$	$\langle \gamma \rangle$	$\{k_0\}$	0
4	O_4		$\langle\!\langle id \rangle\!\rangle \cup \langle\!\langle non \rangle\!\rangle$	$\langle \alpha, \delta \rangle$	$\{non\}$	1
5	O_5		$\langle\!\langle id \rangle\!\rangle \cup \langle\!\langle k_1 \rangle\!\rangle$	$\langle \alpha, \beta \rangle$	$\{id, k_1\}$	1
6	O_6		$\langle\!\langle id \rangle\!\rangle \cup \langle\!\langle k_0 \rangle\!\rangle$	$\langle \alpha, \gamma \rangle$	$\{id, k_0\}$	1
7	O_7		$\langle\!\langle k_0 \rangle\!\rangle \cup \langle\!\langle k_1 \rangle\!\rangle$	$\langle \beta, \gamma \rangle$	$\{k_0, k_1\}$	0
8	O_8		$\langle\!\langle id \rangle\!\rangle \cup \langle\!\langle k_0 \rangle\!\rangle \cup \langle\!\langle k_1 \rangle\!\rangle$	$\langle \alpha, \beta, \gamma \rangle$	$\{id, k_0, k_1\}$	1
9	O_9		$\langle\!\langle id \rangle\!\rangle \cup \langle\!\langle non \rangle\!\rangle \cup \langle\!\langle k_0 \rangle\!\rangle \cup \langle\!\langle k_1 \rangle\!\rangle$	$\langle \alpha, \beta, \gamma, \delta \rangle$	$\{non, k_0\}$	1
10	S_1		$\bigcup_{k \in Nz \setminus \{0\}} \langle\!\langle g^k \rangle\!\rangle$ mit $g^k(x_1, \ldots, x_k) =_{\mathrm{Df}} \bigvee_{i=1}^{k} x_i$	$\langle \alpha \rangle$	$\{vel\}$	2
11	S_3		$S_1 \cup O_2$	$\langle \alpha, \beta \rangle$	$\{vel, k_1\}$	2
12	S_5		$S_1 \cup O_3$	$\langle \alpha, \gamma \rangle$	$\{vel, k_0\}$	2
13	S_6		$S_1 \cup O_7$	$\langle \alpha, \beta, \gamma \rangle$	$\{vel, k_0, k_1\}$	2
14	P_1		$\bigcup_{k \in Nz \setminus \{0\}} \langle\!\langle g^k \rangle\!\rangle$ mit $g^k(x_1, \ldots, x_k) =_{\mathrm{Df}} \bigwedge_{i=1}^{k} x_i$	$\langle \alpha \rangle$	$\{et\}$	2
15	P_3		$P_1 \cup O_3$	$\langle \alpha, \gamma \rangle$	$\{et, k_0\}$	2
16	P_5		$P_1 \cup O_2$	$\langle \alpha, \beta \rangle$	$\{et, k_1\}$	2
17	P_6		$P_1 \cup O_7$	$\langle \alpha, \beta, \gamma \rangle$	$\{et, k_0, k_1\}$	2

18	L_1	L	Menge der linearen Funktionen	$\langle\alpha, \beta, \gamma, \delta\rangle$	$\{aut, k_1\}$	2
19	L_2		$L_1 \cap C_2$, d. h. $\bigcup_{k \in Nz} (\langle\langle f^{2k}\rangle\rangle \cup \langle\langle g^{2k+1}\rangle\rangle)$ mit $f^{2k}(x_1, \ldots, x_{2k}) =_{\mathrm{Df}} \sum_{i=1}^{2k} x_i \oplus 1$ $g^{2k+1}(x_1, \ldots, x_{2k+1}) =_{\mathrm{Df}} \sum_{i=1}^{2k+1} x_i$	$\langle\alpha, \beta\rangle$	$\{g\}$ mit $g(x, y) =_{\mathrm{Df}} x \oplus y \oplus 1$	2
20	L_3		$L_1 \cap C_3$, d. h. $\bigcup_{k \in Nz} \langle\langle g^k\rangle\rangle$ mit $g^k(x_1, \ldots, x_k) =_{\mathrm{Df}} \sum_{i=1}^{k} x_i$	$\langle\alpha, \gamma\rangle$	$\{aut\}$	2
21	L_4		$L_1 \cap C_4 = L_1 \cap D_1$, d. h. $\bigcup_{k \in Nz} \langle\langle g^{2k+1}\rangle\rangle$ mit $g^k(x_1, \ldots, x_k) =_{\mathrm{Df}} \sum_{i=1}^{2k+1} x_i$	$\langle\alpha\rangle$	$\{g\}$ mit $g(x, y, z) =_{\mathrm{Df}} x \oplus y \oplus z$	3
22	L_5		$L_1 \cap D_3$, d. h. $\bigcup_{k \in Nz} (\langle\langle f^{2k+1}\rangle\rangle \cup \langle\langle g^{2k+1}\rangle\rangle)$ mit $f^{2k+1}(x_1, \ldots, x_{2k+1}) = =_{\mathrm{Df}} \sum_{i=1}^{2k+1} x_i \oplus 1$ $g^{2k+1}(x_1, \ldots, x_{2k+1}) =_{\mathrm{Df}} \sum_{i=1}^{2k+1} x_i$	$\langle\alpha, \delta\rangle$	$\{g\}$ mit $g(x, y, z) =_{\mathrm{Df}} x \oplus y \oplus z \oplus 1$	3
23	D_2		$D_3 \cap A_1$	$\langle\alpha\rangle$	$\{g\}$ mit $g(x, y, z) = =_{\mathrm{Df}} x y \vee y z \vee x z$	3
24	D_1		$D_3 \cap C_4$	$\langle\alpha\rangle$	$\{g\}$ mit $g(x, y, z) = =_{\mathrm{Df}} x y \vee x \bar{z} \vee y \bar{z}$	3

Nr.	Bezeichnung nach Post	Andere Bezeichnungen	Definition der abgeschlossenen Menge	Fundament-typ	Beispiel einer Basis	Ordnung
25	D_3	S	Menge der selbstdualen Funktionen	$\langle\alpha, \delta\rangle$	$\{g\}$ mit $g(x, y, z) = {}_{\mathrm{Df}}\, x\bar{y} \vee x\bar{z} \vee \bar{y}\bar{z}$	3
26	A_1	M	Menge der monotonen Funktionen	$\langle\alpha, \beta, \gamma\rangle$	$\{et, vel, k_0, k_1\}$	2
27	A_2		$A_1 \cap C_2$	$\langle\alpha, \beta\rangle$	$\{et, vel, k_1\}$	2
28	A_3		$A_1 \cap C_3$	$\langle\alpha, \gamma\rangle$	$\{et, vel, k_0\}$	2
29	A_4		$A_1 \cap C_4$	$\langle\alpha\rangle$	$\{et, vel\}$	2
30	C_1	P_2	Menge aller Booleschen Funktionen	$\langle\alpha, \beta, \gamma, \delta\rangle$	$\{sh\}$	2
31	C_2	T_1	Menge aller α- oder β-Funktionen	$\langle\alpha, \beta\rangle$	$\{vel, g\}$ mit $g(x, y) = {}_{\mathrm{Df}}\, x \oplus y \oplus 1$	2
32	C_3	T_0	Menge aller α- oder γ-Funktionen	$\langle\alpha, \gamma\rangle$	$\{et, aut\}$	2
33	C_4		Menge aller α-Funktionen	$\langle\alpha\rangle$	$\{vel, g\}$ mit $g(x, y, z) = {}_{\mathrm{Df}}\, x(y \oplus z \oplus 1)$	3
34	F_1^μ $(\mu = 2, 3, \ldots)$		$C_4 \cap F_4^\mu$	$\langle\alpha\rangle$	$\{g, h^*_\mu\}$[1] mit $g(x, y, z) = {}_{\mathrm{Df}}\, x \vee y\bar{z}$	$\mu + 1$
35	F_2^μ $(\mu = 2, 3, \ldots)$		$A_4 \cap F_4^\mu$	$\langle\alpha\rangle$	$\{g, h^*_2\}$ mit $g(x, y, z) = {}_{\mathrm{Df}}\, x \vee y\, z$, falls $\mu = 2$; $\{h^*_\mu\}$, falls $\mu \geqq 3$	$\mu + 1$
36	F_3^μ $(\mu = 2, 3, \ldots)$		$A_1 \cap F_4^\mu$	$\langle\alpha, \beta\rangle$	$\{k_1, h^*_\mu\}$	$\mu + 1$
37	F_4^μ $(\mu = 2, 3, \ldots)$		Menge der 0-separierenden Funktionen vom Grade μ	$\langle\alpha, \beta\rangle$	$\{g, h^*_\mu\}$ mit $g(x, y) = {}_{\mathrm{Df}}\, x \vee \bar{y}$	$\mu + 1$

38	F_5^μ $(\mu = 2, 3, \ldots)$		$C_4 \cap F_8^\mu$	$\langle\alpha\rangle$	$\{g, h_\mu\}$ mit $g(x, y, z) =_{\mathrm{Df}} = x(y \vee \bar{z})$	$\mu + 1$
39	F_6^μ $(\mu = 2, 3, \ldots)$		$A_4 \cap F_8^\mu$	$\langle\alpha\rangle$	$\{g, h_2\}$ mit $g(x, y, z) =_{\mathrm{Df}} = x(y \vee z)$, falls $\mu = 2$; $\{h_\mu\}$, falls $\mu \geqq 3$	$\mu + 1$
40	F_7^μ $(\mu = 2, 3, \ldots)$		$A_1 \cap F_8^\mu$	$\langle\alpha, \gamma\rangle$	$\{k_0, h_\mu\}$	$\mu + 1$
41	F_8^μ $(\mu = 2, 3, \ldots)$		Menge der 1-separierenden Funktionen vom Grade μ	$\langle\alpha, \gamma\rangle$	$\{g, h_\mu\}$ mit $g(x, y) =_{\mathrm{Df}} = x\bar{y}$	$\mu + 1$
42	F_1^∞		$C_4 \cap F_4^\infty$	$\langle\alpha\rangle$	$\{g\}$ mit $g(x, y, z) =_{\mathrm{Df}} x \vee y\bar{z}$	3
43	F_2^∞		$A_4 \cap F_4^\infty$	$\langle\alpha\rangle$	$\{g\}$ mit $g(x, y, z) =_{\mathrm{Df}} x \vee yz$	3
44	F_3^∞		$A_1 \cap F_4^\infty$	$\langle\alpha, \beta\rangle$	$\{k_1, g\}$ mit $g(x, y, z) =_{\mathrm{Df}} x \vee yz$	3
45	F_4^∞		Menge aller 0-separierenden Funktionen	$\langle\alpha, \beta\rangle$	$\{g\}$ mit $g(x, y) =_{\mathrm{Df}} x \vee \bar{y}$	2
46	F_5^∞		$C_4 \cap F_8^\infty$	$\langle\alpha\rangle$	$\{g\}$ mit $g(x, y, z) =_{\mathrm{Df}} x(y \vee \bar{z})$	3
47	F_6^∞		$A_4 \cap F_8^\infty$	$\langle\alpha\rangle$	$\{g\}$ mit $g(x, y, z) =_{\mathrm{Df}} x(y \vee z)$	3
48	F_7^∞		$A_1 \cap F_8^\infty$	$\langle\alpha, \gamma\rangle$	$\{k_0, g\}$ mit $g(x, y, z) =_{\mathrm{Df}} x(y \vee z)$	3
49	F_8^∞		Menge aller 1-separierenden Funktionen	$\langle\alpha, \gamma\rangle$	$\{g\}$ mit $g(x, y) =_{\mathrm{Df}} x\bar{y}$	2

[1]) Es sei $h_\mu(\tilde{x}) =_{\mathrm{Df}} \bigvee_{i=1}^{\mu+1} x_1 \ldots x_{i-1}\, x_{i+1} \ldots x_{\mu+1}$ und h_μ^* die zu h_μ duale Funktion.

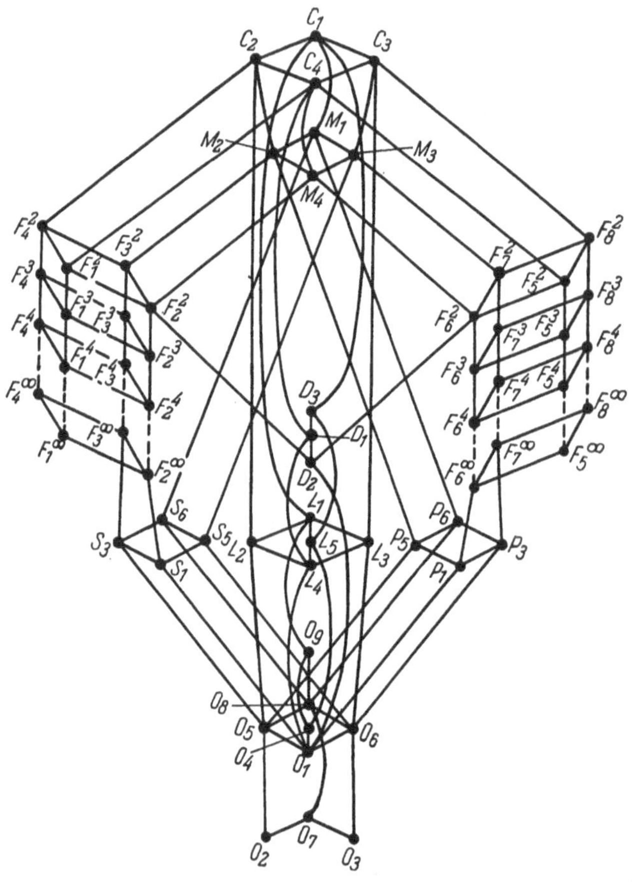
C_1
C_2
C_3
C_4
M_1
M_2
M_3
M_4
F_4^2
F_3^2
F_1^2
F_4^3
F_1^3
F_3^3
F_2^2
F_4^4
F_1^4
F_3^4
F_2^3
F_4^∞
F_2^4
F_3^∞
F_1^∞
F_2^∞
F_8^2
F_7^2
F_5^2
F_8^3
F_6^2
F_7^3
F_5^3
F_8^4
F_6^3
F_7^4
F_5^4
F_8^∞
F_6^4
F_7^∞
F_5^∞
F_6^∞
D_3
D_1
D_2
L_1
L_2
L_5
L_3
L_4
S_6
S_5
S_3
S_1
P_6
P_5
P_3
P_1
O_9
O_8
O_5
O_4
O_1
O_6
O_7
O_2
O_3

Abb. 19

Literaturverzeichnis

Autorenkollektiv des Rechenlabors der Harvard-Universität. (Коллектив авторов вычислительной лаборатории Гарвардского университета. Синтез электронных вычислительных и управляющих схем, ИЛ, 1954.) Synthese elektronischer Rechen- und Steuerschemata.

Blake, A., Canonical expression in Boolean algebra. Dissertation, Chicago 1937.

Boole, G., An investigation of the laws of thought, 1951.

Gilbert, E. N., Lattice theoretic properties of frontal switching functions, J. Math. Phys., **33**, Nr. 1 (1954).

Glagoljew, W. W., (Глаголев В. В., Функция алгебры логики, число единиц которой равно числу монотонных функций от n переменных. Сб. «Дискретный анализ», вып. 2. Институт математики СО АН СССР, Новосибирск, 1964.) Eine Boolesche Funktion, die an genau so vielen Stellen den Wert Eins annimmt, wie es n-stellige monotone Boolesche Funktionen gibt.

Higonnet, R., Grea, R., Etude logique des circuits electigness et des systemes binaires, 452 pp., Paris, 1955.

Jablonski, S. W. (Яблонский С. В., Реализация линейной функции в классе π-схем. Доклады АН СССР **94**, № 5 (1954).) Die Realisierung linearer Funktionen in der Klasse der π-Schemata.

Jablonski, S. W. (Яблонский С. В., Функциональные построения в k-значной логике. Труды Матем. ин-та им. В. А. Стеклова, т. 51, Изд-во АН СССР, 1958.) Funktionale Konstruktionen in der k-wertigen Logik.

Jablonski, S. W. (Яблонский С. В., Об алгоритмических трудностях синтеза минимальных контактных схем. Сб. «Проблемы кибернетики», № 2, Физматгиз, 1959.) Über algorithmische Schwierigkeiten bei der Synthese minimaler Kontakt-Schaltungen.

Jablonski, S. W. (Яблонский С. В., К вопросу об оценке длины тупиковых дизъюнктивных нормальных форм. Сб. «Проблемы кибернетики», № 7, Физматгиз, 1962.) Zum Problem der Längenschranken für optimale alternative Normalformen.

Jablonski, S. W. (Яблонский С. В., О суперпозициях функций в P_k. Сб. «Проблемы кибернетики», № 9, Физматгиз, 1963.) Superpositionen von Funktionen im P_k.

Janowskaja, S. A. (Яновская С. А., Математика в СССР за 40 лет (1917—1957), т. 1, М., 1959.) 40 Jahre Mathematik in der UdSSR (1917 bis 1957).

KOROBKOW, W. K. (Коробков В. К., Реализациая симметрических функций в классе π-схем. Доклады АН СССР **109**, № 2 (1956).) Realisierung symmetrischer Funktionen in der Klasse der π-Schemata.

KOROBKOW, W. K. (Коробков В. К., К вопросу о числе монотонных функций алгебры логики. Сб. «Дискретный анализ», вып. 1, Институт математики СО АН СССР, Новосибирск, 1963.) Über die Anzahl monotoner BOOLEscher Funktionen.

KOROBKOW, W. K. (Коробков В. К., О монотонных функциях алгебры логики. Сб. «Пробелмы кибернетики», № 13, Изд-во «Наука», 1965.) Monotone BOOLEsche Funktionen.

KRITSCHEWSKI, R. E. (Кричевский Р. Е., О реализации функций суперпозициями. Сб. «Проблемы кибернетики», № 2, Физматгиз, 1959.) Realisierung von Funktionen durch Superpositionen.

KRITSCHEWSKI, R. E. (Кричевский Р. Е., Оценка сложности π-схемы для одной функции алгебры логики. Сб. «Дискретный анализ», вып. 1, Институт математики СО АН СССР, Новосибирск, 1963.) Eine Schranke der Kompliziertheit eines π-Schema für eine BOOLEsche Funktion.

KUSNEZOW, A. W. (Кузнецов А. В., О бесповторных контактных схемах и бесповторных суперпозициях функций алгебры логики. Труды Матем. ин-та им. В. А. Стеклова, т. 51, Изд-во АН СССР, 1958.) Wiederholungsfreie Kontaktschemata und wiederholungsfreie Superpositionen BOOLEscher Funktionen.

KUTJURA, L. (Кутюра Л., Алгебра логики. «Mathesis», Одесса, 1909.) Logik.

LEWIS, C. I., Implication and the algebra of logic, Mind, n. s. **21** (1912), 522–531.

LUPANOW, O. B. (Лупанов О. Б., О сложности реализации функций алгебры логики формулами. Сб. «Проблемы кибернетики». № 3, Физматгиз, 1960.) Die Kompliziertheit der Repräsentierung BOOLEscher Funktionen durch Ausdrücke.

LUPANOW, O. B. (Лупанов О. Б., О реализации функций алгебры логики формулами из конечных классов (формулами ограниченной глубины) в базисе &, $\vee$, $^-$. Сб. «Проблемы кибернетики», № 6, Физматгиз, 1961.) Zur Repräsentierung BOOLEscher Funktionen durch Ausdrücke in $\wedge$, $\vee$, $\sim$ mit beschränkter Tiefe.

LUPANOW, O. B. (Лупанов О. Б., О синтезе некоторых классов управляющих систем. Сб. «Проблемы кибернетики», № 10, Физматгиз, 1963.) Zur Synthese einiger Klassen von Steuerschaltungen.

LYNDON, R. C., Identities in two-valued calculi, Trans. Amer. Math. Soc., **71**, Nr. 3 (1951).

MARKOW, A. A. (Марков А. А., Об инверсионной сложности системы булевых функций. Доклады АН СССР **150**, № 3 (1963).) Über eine invertierte Kompliziertheit des Systems der BOOLEschen Funktionen.

MC-CLUSKEY, E. J., Minimization of Boolean functions. B. S. T. I., **35**, Nr. 6 (1956).

NAKASIMA, A., HAUSAWA, M., The theory of equivalent transformation of simple partical paths in a relay circuits. J. Inst. Elect. Commun. Engrs. Japan, 1936, Nr. 165, 1937.

NELSON, R. I., Simplest normal truth functions, J. Symb. Logic **20**, Nr. 2 (1955).

Nowikow, P. S. (Новиков П. С., Элементы математической логики. Физматгиз, 1959.) Elemente der mathematischen Logik.

Polya, G., Sur les types des propositions composees, J. Symbolic Logic **5**, Nr. 3 (1940), 98–103.

Post, E. L., Two-valued iterative systems, 1941.

Post, E. L., Introduction to a general theory of elementary propositions. Amer. J. Math. **43** (1921), 163–185.

Powarow, G. N. (Поваров Г. Н., О групповой инвариантности булевых функций. Сб. «Применение логики в науке и технике«, Изд-во АН СССР, 1961). Gruppeninvarianten Boolescher Funktionen.

Quine, W. V., The problems of symplifying truth functions. Amer. Math. Monthly **59**, Nr. 8 (1952), 521–531.

Quine, W. V., A way to simplify truth functions. Amer. Monthly **62**, Nr. 2 (1955), 627–631.

Riordan, J., Shannon, C. E., The number of two-terminal series-parallel networks. J. Math. and Phys. **21**, Nr. 2 (1942), 83-93.

Schestakow, W. I. (Шестаков В. И., Алгебра двухполюсных схем, построенных исключительно из двухполюсников (алгебра A-схем). Автоматика и телемеханика, № 2, 1941.) Algebra der Zweipolschaltungen, die ausschließlich aus Zweipolen aufgebaut sind (Algebra der A-Schaltungen).

Schestopal, G. A. (Шестопал Г. А., О числе простых базисов булевых функций. Доклады АН СССР **140**, № 2 (1961).) Die Anzahl der einfachen Basen Boolescher Funktionen.

Schröder, E., Vorlesungen über die Algebra der Logik, 1895.

Shannon, C. E., A Symbolic Analysis of Relay and Switching circuits. Trans. AIEE **57** (1938), 713–723.

Shannon, C. E., The synthesis of two-terminal switching circuits, BSTI **28**, Nr. 1 (1949), 59–98.

Shurawljew, Ju. I. (Журавлев Ю. И., О различных понятиях минимальных дизъюнктивных нормальных форм. Сибирский матем. журнал **1**, № 4 (1960).) Verschiedene Begriffe minimaler alternativer Normalformen.

Shurawljew, Ju. I. (Журавлев Ю. И., Теоретико-множественные методы в алгебре логики. Сб. «Проблемы кибернетики», № 8, Физматгиз, 1962.) Mengentheoretische Methoden in der Logik.

Shurawljew, Ju. I. (Журавлев Ю. И., Оценка для числа тупиковых дизъюнктивных нормальных форм функций алгебры логики. Сибирский матем. журнал **3**, № 5 (1962).) Eine Schranke für die Anzahl optimaler alternativer Normalformen.

Shurawljew, Ju. I. (Журавлев Ю. И., Алгоритмы с конечной памятью над дизъюнктивными нормальными формами. Сб. «Дискретный анализ», вып. 1, Институт математики СО АН СССР, Новосибирск, 1963.) Algorithmen mit endlichem Speicher über alternativen Normalformen.

Slepian, D., On the number of symmetry types of Boolean function of n-variables. Canad. J. Math. **5**, Nr. 2 (1953), 185–193.

SUBBOTOWSKAJA, B. A. (Субботовская Б. А., О реализации линейных функций формулами в базисе &, ∨, ‾. Доклады АН СССР **136**, № 3 (1961).) Zur Repräsentierung linearer Funktionen durch Ausdrücke in ∧, ∨, ~.

SUBBOTOWSKAJA, B. A. (Субботовская Б. А., О сравнении базисов при реализации функций алгебры логики формулами. Доклады АН СССР **149**, № 4 (1963).) Vergleich von Basen der Repräsentierung von BOOLEschen Funktionen durch Ausdrücke.

WASILJEW, JU. L. (Васильев Ю. Л., О сравнении сложности тупиковых и минимальных дизъюнктивных нормальных форм. Сб. «Проблемы кибернетики», № 10, Физматгиз, 1963.) Kompliziertheitsvergleiche für optimale und minimale alternative Normalformen.

WASILJEW, JU. L. (Васильев Ю. Л., К вопросу о числе тупиковых и минимальных дизъюнктивных нормальных форм. Сб. «Дискретный анализ», вып. 2, Инзтитут математики СО АН СССР, Новосибирск, 1964.) Untersuchungen zur Anzahl der optimalen und minimalen alternativen Normalformen.

Namen- und Sachregister

FSC
www.fsc.org
MIX
Papier | Fördert gute Waldnutzung
FSC® C083411

Zeitfracht Medien GmbH
Ferdinand-Jühlke-Straße 7
99095 Erfurt, Deutschland
produktsicherheit@kolibri360.de